中等职业教育课程改革国家规划新教材配套教学用书 · 电工电子系列

俞雅珍　主　编

黄艳飞　曾　莉　叶桂珍　副主编

图书在版编目(CIP)数据

电工技术基础与技能练习(实验)/俞雅珍主编. —上海：复旦大学出版社，
2014.2(2021.7 重印)
中等职业教育课程改革国家规划新教材配套用书
ISBN 978-7-309-10290-1

Ⅰ. 电…　Ⅱ. 俞…　Ⅲ. 电工技术-中等专业学校-习题集　Ⅳ. TM-44

中国版本图书馆 CIP 数据核字(2014)第 004950 号

电工技术基础与技能练习(实验)
俞雅珍　主编
责任编辑/梁　玲

复旦大学出版社有限公司出版发行
上海市国权路 579 号　邮编：200433
网址：fupnet@fudanpress.com　http://www.fudanpress.com
门市零售：86-21-65102580　团体订购：86-21-65104505
出版部电话：86-21-65642845
大丰市科星印刷有限责任公司

开本 787×1092　1/16　印张 5.75　字数 129 千
2021 年 7 月第 1 版第 4 次印刷

ISBN 978-7-309-10290-1/T · 501
定价：12.00 元

中等职业教育课程改革国家规划新教材配套教学用书·电工电子系列

丛书编审委员会

出版说明

为贯彻《国务院关于大力发展职业教育的决定》(国发〔2005〕35号)精神,落实《教育部关于进一步深化中等职业教育教学改革的若干意见》(教职成〔2008〕8号)关于"加强中等职业教育教材建设,保证教学资源基本质量"的要求,确保新一轮中等职业教育教学改革顺利进行,全面提高教育教学质量,保证高质量教材进课堂,教育部对中等职业学校德育课、文化基础课等必修课程和部分大类专业基础课教材进行了统一规划并组织编写,从2009年秋季学期起,国家规划新教材将陆续提供给全国中等职业学校选用.

国家规划新教材是根据教育部最新发布的德育课程、文化基础课程和部分大类专业基础课程的教学大纲编写,并经全国中等职业教育教材审定委员会审定通过的.新教材紧紧围绕中等职业教育的培养目标,遵循职业教育教学规律,从满足经济社会发展对高素质劳动者和技能型人才的需要出发,在课程结构、教学内容、教学方法等方面进行了新的探索与改革创新,对于提高新时期中等职业学校学生的思想道德水平、科学文化素养和职业能力,促进中等职业教育深化教学改革,提高教育教学质量将起到积极的推动作用.

希望各地、各中等职业学校积极推广和选用国家规划新教材,并在使用过程中,注意总结经验,及时提出修改意见和建议,使之不断完善和提高.

教育部职业教育与成人教育司

2010年6月

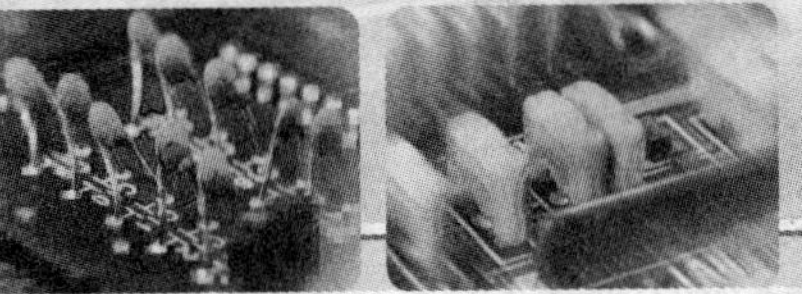

前言

本书是《电工基础》和《电工与电子》教材的配套实验用书，本书依据教育部颁布的教学大纲、结合社会岗位对职业教育的需求，以及职业教育本身的特点编写而成.

本书内容丰富，共编写了28个实验，基本上涵盖了直流和交流两部分的基础实验，有基本电路的连接、测试，电压表、电流表、万用表的使用，函数信号发生器、示波器等测量工具的使用.这些实验可作为教师实验教学的演示内容，教师在现场能立即把知识、技能生动地展现给学生；学生也完全有能力亲自参与这些实验，去体验理论与实践的有机结合，给学习带来无比的乐趣和巨大的收获.

本书所有实验都是作者在教学过程中全部做过，而且作者把自己多年从事职业教育的积累融合在所写内容中，是作者多年教学过程中实践性教学成果的小结.实践证明，学生都能完成这些实验，并收获颇丰.

本书有以下特点：

1. 实验内容突出基础性和实践性

本书所写实验突出电工技术基本概念、电路的基本物理量，如电动势电压、电流、电阻、功率等.

电路的串联、并联和混联；欧姆定律、基尔霍夫定律、叠加定律、戴维南定理等的认知；单相交流电的三要素，交流电的纯电阻、纯电感和纯电容电路的电压、电流、功率等的关系，三相交流电源的连接形式以及负载的连接形式，有功功率、无功功率等基本概念，以上知识点都通过实验让学生理解和掌握.

通过实验学生还可以学会电压表、电流表、万用表、示波器、函数信号发生器等仪器仪表的使用.

2. 实验内容安排符合认知规律

每一个实验内容的安排基本上符合由外至内、由表及里、由简单到复杂的认知过程.

3. 实验内容在操作上具备可靠性

28个实验中所有元器件参数测试和结果完全做得出、实验安全可靠,实验电路都经过数次实验检验.

4. 使用具有灵活性

本书推荐了28个实验,各学校完全可以依据学校自身的具体情况及实际教学时数自行选做其中的实验.

本书由黄艳飞、曾莉、叶桂珍、俞雅珍编写.

由于编写水平有限,难免有不妥与疏漏之处,敬请各位同仁和读者批评指正.

编　者

2013年11月

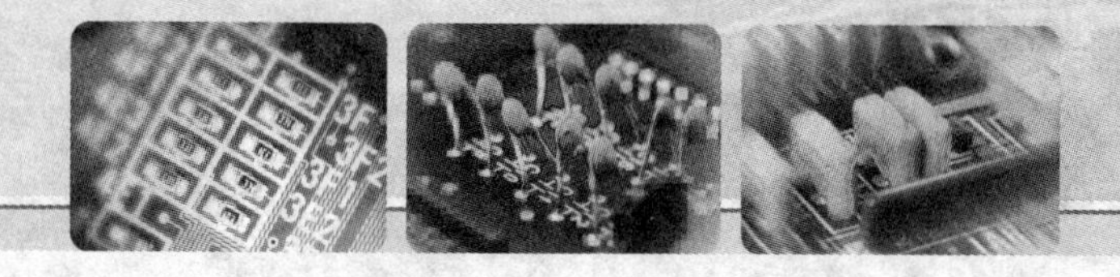

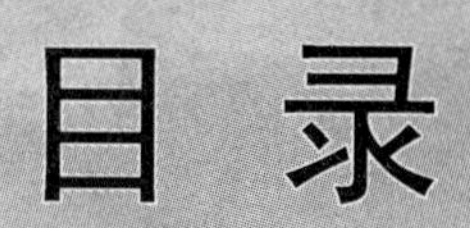

目录

电路及主要参数的测量

一、实验目的

1. 了解电路的组成,明确电路的概念;
2. 理解电动势、端电压的概念;
3. 掌握电路的工作状态;
4. 能够根据电路图连接最基本电路;
5. 会用数字直流电压表测量直流电压、电动势.

二、实验准备

1. 0～30 V 的直流稳压电源 1 台;
2. 量程(0～30 V)的数字直流电压表 1 只;
3. 开关 1 只;
4. 电阻(6.2 kΩ)1 个;
5. 导线若干.

三、实验电路

实验电路分别如图 1-1 和图 1-2 所示.

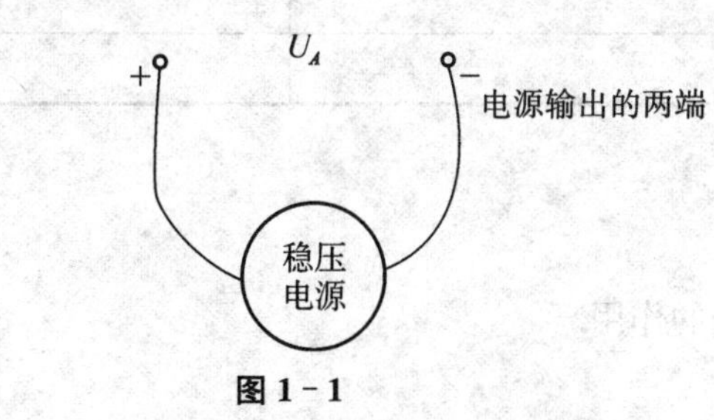

图 1-1

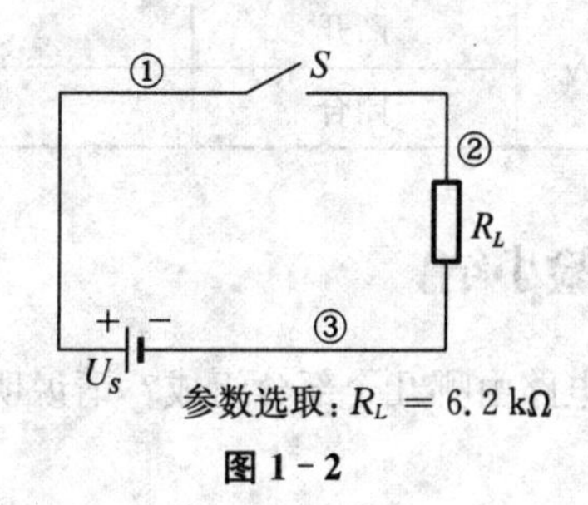

图 1-2

四、实验任务及步骤

1. 直流稳压电源开路电压(电动势)的调节.

(1) 启动实验台电源,并开启直流稳压电源开关.

(2) 将“输出粗调”开关拨到 0～10 V 档，调节“输出细调”旋钮，从左到右顺时针旋转，使稳压电源上电压表指针指至“8 V”，切断稳压电源备用.（因电源自带指针表的精确度不够，还需用数字电压表精调.）

(3) 选择数字直流电压表的量程为 0～20 V 档.

(4) 用导线(红色)将数字电压表的“＋”端与 U_A 电源的“＋”端相连，用导线(黑色)将数字电压表的“－”端与 U_A 电源的“－”端相连.

(5) 打开稳压电源开关，观察数字电压表的读数，通过调节“输出细调”旋钮，直至数字电压表显示为“8 V”(即电动势为 8 V).

2. 电源端电压、电源电动势的测量.

(1) 利用数字直流电压表，将电源电压调为 $U_A = 8$ V(即为电源电动势)，断电备用.

(2) 根据图 1－2 所示连接电路.

用导线①(红色)连接电源“＋”端与开关 S 的左端，用导线②连接开关 S 的右端及电阻的左端，用导线③(黑色)连接电阻的右端及电源“－”端. 完成电路连接.

(3) 数字直流电压表的“＋”、“－”端分别与电源电压的“＋”、“－”端相连(即将数字表并联到电源两端).

(4) 通电，即闭合开关 S，测量电源端电压，并将数据记录入表 1－1.

(5) 通电，但断开开关 S，测量电源端电压(电动势)，并将数据记录入表 1－1.

3. 负载两端电压的测量.

(1) 关闭电源开关，将直流数字电压表的“＋”、“－”端分别与负载灯的两端相连(即将数字表并联到负载两端)，测量负载上的电压.

(2) 通电，即闭合开关 S，测量负载两端端电压，并将数据记录在表 1－1 中.

(3) 通电，但断开开关 S，测量负载两端端电压，并将数据记录在表 1－1 中.

表 1－1

项目	S 的状态	电路的状态	电源两端的电压测量(V)	负载的电压测量(V)
$U_S = 8$ V	断开			
	闭合			

五、实验小结

1. 电路由哪几个部分组成？请说明各部分的作用.

2. 本次实验提供的电源电动势是多少？电源端电压是多少？两者有没有区别？

3. 在闭合回路中，电源两端电压与负载两端电压有何关系？

4. 在本次实验中，电源两端的电压会因为电路的状态变化而变化吗？负载两端的电压会因为电路的状态变化而变化吗？

5. 电路的工作状态有哪几种？在本次实验中有哪几种？

电位和电位差的测量

一、实验目的

1. 理解电位、电位差(电压)的概念;
2. 进一步熟悉数字直流电压表的使用;
3. 能够根据电路图连接电路.

二、实验准备

1. 0～30 V 的直流稳压电源 1 台;
2. 数字直流电压表 1 只;
3. 电阻(200 Ω, 510 Ω)各 1 个;
4. 导线若干.

三、实验电路

实验电路如图 2 - 1 所示.

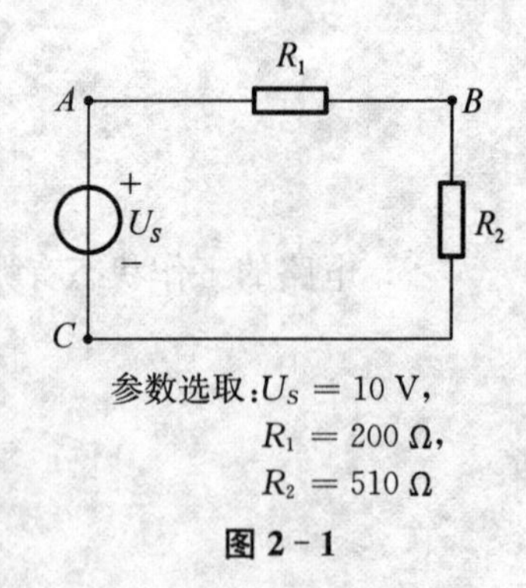

参数选取: $U_S = 10$ V,
$R_1 = 200$ Ω,
$R_2 = 510$ Ω

图 2 - 1

四、实验任务及步骤

1. 调直流稳压电源输出电压 $U_S = 10$ V. 切断稳压电源备用.

将直流电压表的"+"端与直流电源输出的"+"端相连,将数字直流电压表的"−"端与直流电源输出的"−"端相连,开启稳压电源开关,观察电压表读数,调节电源的幅值旋钮,使输出电压为 10 V,切断稳压电源备用.

2. 按照图 2 - 1 连接实验电路,检查线路是否正确.

3. 通电初试.观察现场,若有异常(如元件发热、电表指示异常等),应立即断电并再次检查.

4. 通电初试正常后,分别以 A, B, C 为参考点,测量各点电位,并记录数据,填入表 2 - 1中.

注意:以 C 为参考,则电压表"−"端始终接在 C 点,若要测 A 点电位 V_A 时,则电压表"+"

端接在 A 点. 依此类推.

5. 测量电路中各段电压，并将数据记录在表 2 - 1 中.

注意：电压测量时，若要测 U_{AB}，则电压表"+"端接在 A 点，电压表"−"端接在 B 点. 依此类推.

表 2 - 1

$U_S = 10$ V	测量参数(V)						计算(V)		
	V_A	V_B	V_C	U_{AB}	U_{BC}	U_{AC}	$V_A - V_B$	$V_B - V_C$	$V_A - V_C$
C 为参考点									
A 为参考点									
B 为参考点									

五、实验小结

1. 电位与电压有何区别?

2. 当参考点改变时，各点的电位改变吗? 两点间电位差改变吗?

3. U_{AC} 与 U_{AB}，U_{BC} 的关系如何?

4. 在测量电压和电位时，电压表有何使用技巧?

欧姆定律的验证

一、实验目的

1. 理解欧姆定律的含义;
2. 进一步熟悉数字直流电压表,会测量直流电压;
3. 会用数字直流电流表测量直流电流;
4. 用实验方法验证欧姆定律;
5. 能够按照实验原理图连接实验电路.

二、实验准备

1. 0～30 V 的直流稳压电源 1 台;
2. 数字直流电压表 1 只;
3. 数字直流电流表 1 只;
4. 电阻(1 kΩ, 2 kΩ)各 1 个;
5. 导线若干.

三、实验电路

实验电路如图 3-1 所示.

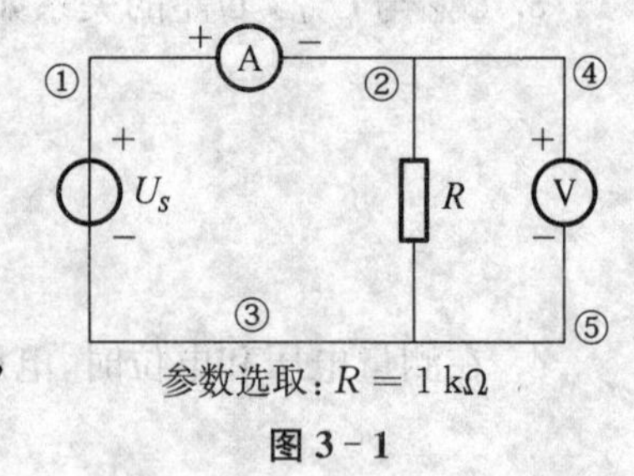

参数选取: $R = 1\ \mathrm{k\Omega}$

图 3-1

四、实验任务及步骤

1. 调直流稳压电源输出电压.

开启稳压电源开关,缓慢"左旋"调节输出电压调节旋钮,使第一路输出电压为最小,切断稳压电源备用.

2. 按照图 3-1 连接实验电路,检查线路是否正确.

用导线①(红色)连接电源"+"端与数字直流电流表的"+"端,用导线②连接数字直流电流表的"−"端与 R 的左端,用导线③(黑色)连接 R 的右端与电源"−"端,用导线④和⑤将数字直流电压表并在 R 的两端. 完成电路连接.

3. 通电初试. 观察现场,若有异常(如元件发热、电表指示异常等),应立即断电并再次检查.

4. 通电初试正常后，按要求测量.

(1) 观察数字直流电压表示数，缓慢调节直流电源，使 U_S 值满足测量条件(表 3 - 1 中所列). 例如：$U_S = 0.5$ V 时，测量电流 I；$U_S = 1$ V 时，测量电流 I；依此类推.

(2) 读取数字直流电流表示数，并将数据记录在表 3 - 1 中.

(3) 重复以上两步，完成表 3 - 1.

5. 改变 R 值，使 $R = 2$ kΩ，重复以上步骤进行测量，将数据填入表 3 - 1 的相应位置.

表 3 - 1

测量条件	U_S	0 V	0.5 V	1 V	2 V	3 V	4 V	5 V	6 V	7 V
$R = 1$ kΩ	量程选择									
	I									
$R = 2$ kΩ	量程选择									
	I									

五、实验小结

1. 请将本次实验的数据绘制在图 3 - 2 的坐标系中.

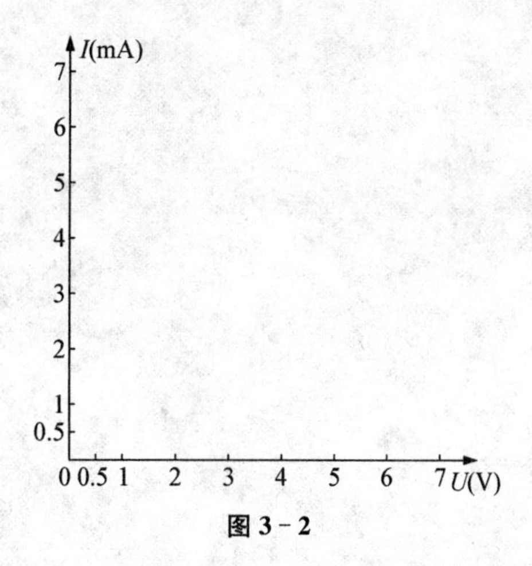

图 3 - 2

2. 在相同的电阻条件下，当电压值逐步增大时，电流表的指示值怎样变化？为什么？

3. 在相同的电压条件下,R 减少时电流如何变化? 为什么?

4. 直流电流表在接入电路时,应注意哪些问题?

非线性电阻伏安特性的测试(演示)

一、实验目的

1. 直观地观察非线性电阻(发光二极管)的正向伏安特性;
2. 了解晶体管图示仪的使用范围;
3. 初步演示晶体管图示仪的使用;
4. 从晶体管图示仪上观察被测发光二极管的正向伏安特性.

二、实验准备

1. 发光二极管 1 只;
2. XJ4810 晶体管图示仪 1 台.

三、实验任务及步骤

1. 将发光二极管插入 XJ4810 图示仪测试台(发光二极管正偏).

(1) 本仪器的测试台分为左右两组测试台面,可任意选择;

(2) 本次选左侧,应按下左边测试选择按钮;

(3) 将待测二极管的两个引脚插入 C, E 孔中,其中长脚插入 C 孔,短脚插入 E 孔.

2. 选择峰值电压范围,本次选择 10 V 档按钮,峰值电压旋置最小.
3. 将 Y 方向的“电流/度”置于“1 mA”档,X 方向的“电压/度”置于“0.5 V”档.
4. 打开图示仪电源开关(“拉出”表示电源接通,电源指示灯亮).
5. 调节垂直位移、X 轴位移,使光点位于光屏左下角.
6. 旋动峰值电压旋钮,使发光二极管正向伏安特性显示于光屏上.
7. 观察光屏上显示的伏安特性.
8. 读出发光二极管正向压降 U_F 为________V.

四、实验小结

1. 请将本实验观察到的发光二极管正向伏安特性曲线绘制在图 4-1 所示的坐标系中.

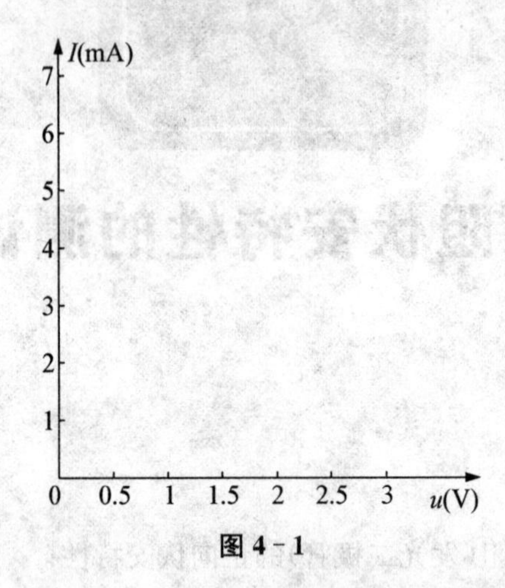

图 4－1

2. 非线性电阻的伏安特性与线性电阻的伏安特性有何区别?

串联电路中电压和电流的测量

一、实验目的

1. 了解串联电路的特点;
2. 了解分压的基本概念;
3. 会测量串联电路中的电压和电流;
4. 进一步熟悉测量直流电压和直流电流;
5. 能够根据电路图连接电路.

二、实验准备

1. 0～30 V 的直流稳压电源 1 台;
2. 数字直流电压表 1 只;
3. 数字直流电流表 1 只;
4. 电阻(1 kΩ, 2 kΩ, 200 Ω)各 1 个;
5. 导线若干.

三、实验电路

实验电路如图 5-1 所示.

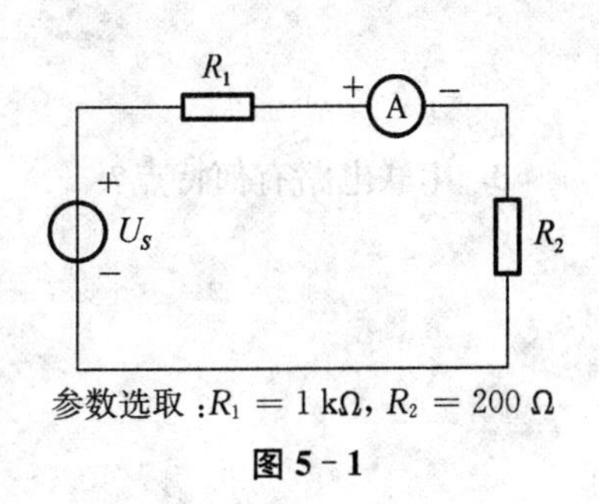

参数选取: $R_1 = 1\ \text{k}\Omega$, $R_2 = 200\ \Omega$

图 5-1

四、实验任务及步骤

1. 调节直流稳压电源输出电压 $U_S = 6$ V.

开启稳压电源开关,用数字直流电压表监测,使输出电压为 6 V,切断稳压电源备用.

2. 按照图 5-1 连接实验电路,检查线路是否正确.

(1) 通电初试. 观察现场,若有异常(如元件发热、电表指示异常等),应立即断电并再次检查.

(2) 通电初试正常后,按要求测量,并记录数据在表 5-1 中.

① $U_S = 6$ V 时,测量 U_{R1} 和 U_{R2} 的值;

② $U_S = 24$ V 时,测量 U_{R1} 和 U_{R2} 的值.

3. 改变 R_2 的值，使 $R_2 = 2\ \text{k}\Omega$，按照图 5－1 重新连接实验电路，并检查线路是否正确.

(1) 通电初试. 观察现场，若有异常（如元件发热、电表指示异常等），应立即断电并再次检查.

(2) 通电初试正常后，按要求测量，并将数据记录在表 5－1 中.

① $U_S = 6\ \text{V}$ 时，测量 U_{R1} 和 U_{R2} 的值；

② $U_S = 24\ \text{V}$ 时，测量 U_{R1} 和 U_{R2} 的值.

表 5－1

测量条件		U_{R1}(V)	U_{R2}(V)	I(A)	$U_{R1}:U_{R2}$
$R_1 = 1\ \text{k}\Omega$ $R_2 = 200\ \Omega$	$U_S = 6\ \text{V}$				
	$U_S = 24\ \text{V}$				
$R_1 = 1\ \text{k}\Omega$ $R_2 = 2\ \text{k}\Omega$	$U_S = 6\ \text{V}$				
	$U_S = 24\ \text{V}$				

五、实验小结

1. 流过电阻 R_1 和 R_2 的电流一样吗？

2. 各次不同测量条件下，所测量到的 U_{R2} 与 U_S 和 R_2 有何关系？

3. 串联电路有何特点？

并联电路中电压和电流的测量

一、实验目的

1. 了解并联电路的特点；
2. 了解分流的基本概念；
3. 会测量并联电路中的电压和电流；
4. 进一步熟悉直流电压和直流电流的测量；
5. 能够根据电路图连接电路.

二、实验准备

1. 0～30 V 的直流稳压电源 1 台；
2. 数字直流电压表 1 只；
3. 数字直流电流表 1 只；
4. 电阻(1 kΩ, 2 kΩ, 200 Ω)各 1 个；
5. 导线若干.

三、实验电路

实验电路如图 6-1 所示.

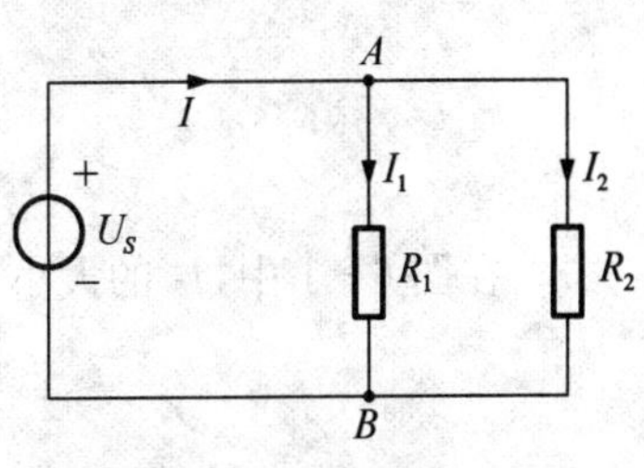

参数选取：$U_S = 6$ V, $R_1 = 200$ Ω, $R_2 = 1$ kΩ

图 6-1

四、实验任务及步骤

1. 调节直流稳压电源输出电压 $U_S = 6$ V.

开启稳压电源开关，用直流电压表监测，使输出电压为 6 V，切断稳压电源备用.

2. 按照图 6-1 连接实验电路，检查线路是否正确.

3. 通电初试. 观察现场，若有异常(如元件发热、电表指示异常等)，应立即断电并再次检查.

4. 通电初试正常后，按要求测量并记录数据在表 6-1 中.

(1) $U_S = 6$ V 时，测量 I_1 和 I_2 的值；

(2) $U_S = 24$ V 时，测量 I_1 和 I_2 的值.

注意：测量 I_1 时，断电后拆掉连接 A 点与电阻 R_1 的导线，将电流表串联接入电路再通电测电流；测量 I_2 时，断电后拆掉连接 A 点与电阻 R_2 的导线，将电流表接入电路再通电测电流. 依此类推.

5. 改变 R_2 的值，使 $R_2 = 2\ \text{k}\Omega$，按照图 6-1 重新连接实验电路，检查线路是否正确.

(1) 通电初试. 观察现场，若有异常(如元件发热、电表指示异常等)，应立即断电并再次检查.

(2) 通电初试正常后，按要求测量，并将数据记录在表 6-1 中.

① $U_S = 6$ V 时，测量 I_1 和 I_2 的值；

② $U_S = 24$ V 时，测量 I_1 和 I_2 的值.

表 6-1

测量条件		I(A)	I_1(A)	I_2(A)	U_{R1}(V)	U_{R2}(V)	$I_1 : I_2$
$R_1 = 1\ \text{k}\Omega$ $R_2 = 200\ \Omega$	$U_S = 6$ V						
	$U_S = 24$ V						
$R_1 = 1\ \text{k}\Omega$ $R_2 = 2\ \text{k}\Omega$	$U_S = 6$ V						
	$U_S = 24$ V						

五、实验小结

1. 测试时电阻 R_1 和 R_2 两端的电压 U_{R1} 和 U_{R2} 相同吗？

2. 在不同测量条件下，每次测量到的 I_1 和 I_2 与 I 有何关系？

3. 在图 6-1 中，I_2 的大小与哪些因素相关？

4. 并联电路有何特点？

混联电路的参数测试

一、实验目的

1. 了解混联电路的特点；
2. 理解混联电路中各电压、电流、电阻的关系；
3. 会测量混联电路中的电压和电流；
4. 进一步熟悉直流电压和直流电流的测量；
5. 能够根据电路图连接电路.

二、实验准备

1. 0～30 V的直流稳压电源1台；
2. 数字直流电压表1只；
3. 数字直流电流表1只；
4. 电阻(1 kΩ, 2 kΩ, 200 Ω)各1个；
5. 导线若干.

三、实验电路

实验电路如图7-1所示.

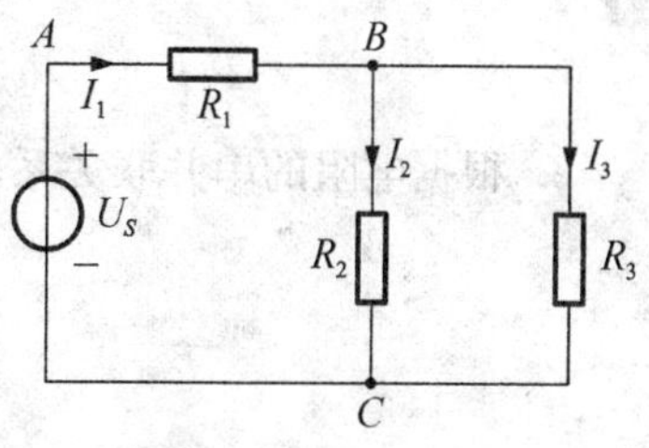

参数选取：$U_S = 8$ V, $R_1 = 200$ Ω, $R_2 = 2$ kΩ, $R_3 = 1$ kΩ

图7-1

四、实验任务及步骤

1. 调节直流稳压电源输出电压使 $U_S = 8$ V，切断稳压电源备用.

2. 按照图7-1连接电路，并检查线路是否正确.

3. 通电初试. 观察现场，若有异常(如元件发热、电表指示异常等)，应立即断电并再次检查.

4. 通电初试正常后，按要求测量各参数，并记录数据.

注意：测量电压时，电压表应该并联(原电路不需变动)；测量电流时，电流表应该串联(将电流表串联接入电路).

(1) 电路中各段电压的测试. 按要求测量各段电压值，并将数据记录在表7-1中.

表 7-1

项　目	U_{AB}	U_{BC}	U_{AC}	U_{R1}	U_{R2}	U_{R3}
计算值(V)						
电压表量程(V)						
测量值(V)						

(2) 电路中各处电流的测试. 按要求测量各处电流值,并将数据记录在表 7-2 中.

表 7-2

项　目	I_1	I_2	I_3
计算值(A)			
量　程(A)			
测量值(A)			

5. 根据本次实验测量的电压、电流数据,计算该电路中 A 和 C 两点间的总电阻 $R_{AC}=$ ________.

五、实验小结

1. U_S 与 U_{R1}, U_{R2}, U_{R3} 之间的关系怎样?

2. I_1 与 I_2 和 I_3 的关系怎样?

3. 根据电阻的串并联关系,计算该电路中 A, C 两点间的电阻值 R_{AC}' 的值.

4. 比较 R_{AC} 值与 R_{AC}' 值,两者有误差吗? 并说明误差来源.

万用表的使用(以 MF50 型为例)

一、实验目的

1. 了解万用表的基本使用范围;
2. 掌握使用万用表测量电阻、直流电压、直流电流;
3. 能按照实验原理图连接实验电路.

二、实验准备

1. 0～30 V 的直流稳压电源 1 台;
2. MF50D 型万用表 1 只(其他型号的万用表也可以);
3. 电阻(10 Ω, 200 Ω, 1 kΩ, 2 kΩ, 6.2 kΩ)各 1 个;
4. 导线若干.

三、万用表的面板介绍

1. 表笔及表笔插孔.

待测量的电参量要通过表笔引入万用表内部测量电路,万用表有一对表笔(含红色、黑色各 1 只),红、黑表笔用途各不相同.

注意:表笔插孔有固定插孔"＊"孔(公共端)及红表笔插"＋"孔. 测量三极管 β 值时不用表笔.

2. 档位开关(见图 8－1).

档位开关的功能是进行档位和量程转换. 万用表的档位是指测量不同的电参量时档位开关所对应的位置. 本次提供的万用表有电阻档(Ω 档)、直流电压档($\underline{V}$)、交流电压档($\underset{\sim}{V}$)、三极管 h_{FE} (β 档)、交流电流档($\underset{\sim}{A}$)、直流电流档(250 mA, 25 mA, 2.5 mA).

电阻档分多个"倍乘"档,有"×1"、"×10"、"×100"、"×1 k"、"×10 k".

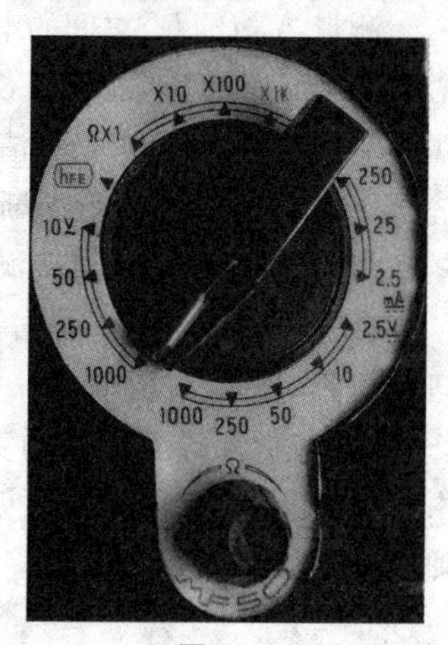

图 8－1

3. 指针表盘(见图 8－2).

MF50D 型万用表的指针表盘如图 8－2 所示. 测量电压、电流时,指针靠最左为 0,往右增大;测量电阻时,指针靠最右为 0,往左增大.

图 8 - 2

4. 测量连接方法.

(1) 电阻的测量连接方法.

测量电阻时,将万用表选择欧姆档,选择合适倍率,红黑表笔先短接调零,再将红黑表笔分别连接电阻两端(不分方向),观察表头指针示数. 调整倍率使指针落在表盘 1/3～2/3 区间之内.

注意:每次改变倍率选择,都需要“调零”.

(2) 直流电压的测量连接方法.

将黑表笔插在“∗”孔、红表笔插在“+”孔,档位开关置于“直流电压”档,起始量程的选择方法如下:经验选择法是根据电路性质估计被测电压范围,选择合适量程;若不知被测电压范围,应选择最大量程.

测量 A, B 两点之间的电压 U_{AB} 的方法如下:

① 粗测直流电压. 如图 8-3 所示,红表笔接 A 点、黑表笔接 B 点. 如果事先不清楚被测电压的大小时,应先选择最高量程档,然后逐渐减小到合适的量程. 量程的选择应尽量使指针偏转到满刻度的 2/3 左右.

② 精测直流电压. 依据粗测时的指示数,选择合理量程精确测量直流电压.

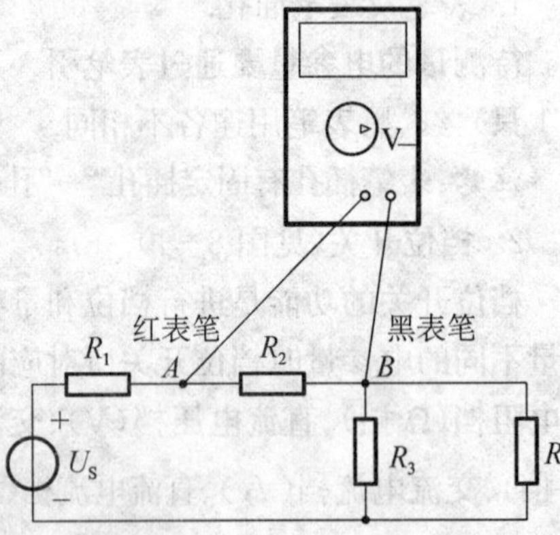

红表笔 黑表笔 R_1 A R_2 B U_S R_3 R_4 V

图 8 - 3

注意:指针式万用表测直流电源时,必须注意实际电压方向,红表笔接“+”、黑表笔接“−”,若接错会造成指针反偏,产生破坏性损伤结果;若用数字式万用表测量直流电压 U_{AB},则红表笔接 A 点、黑表笔接 B 点即可,若红黑表笔接反,测量指示值为负值,即:$-U_{AB}=U_{BA}$.

特别提示：

电压测量时，万用表与被测电压并联；

测量电压、电流时，必须将表笔离开被测物后才能转换量程；

测量安全电压以上的电压时，要特别注意身体不能与表笔裸露的金属接触！

(3) 直流电流的测量连接方法.

将黑表笔插在“＊”孔、红表笔插在“＋”孔，档位开关置于“直流电流”档，起始量程的选择方法如下：经验选择法是根据电路性质估计被测电流范围，选择合适量程；若不知被测电流范围，应选择最大(250 mA)量程. 测量电流 I 时注意电流 I 的方向.（I 由 A 指向 B，表针向右偏转；若指针反方向偏，应立即变换表笔.）

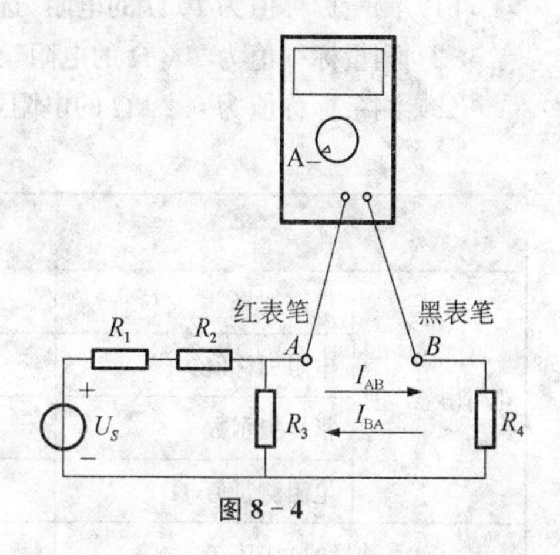

图 8－4

如图 8－4 所示，关闭电路的电源 U_S，断开 A，B 两点之间的连线，红表笔接 A 点、黑表笔接 B 点；开启电源 U_S，粗测直流电流 I；依据粗测示数选择合理量程重复测量，得到准确的电流测量值.

注意：模拟指针式万用表测量直流电流时，必须注意电流实际方向(从红表笔流入、黑表笔流出)，若接错会造成指针反偏，严重时会产生破坏性结果；数字式万用表测量直流电流 I_{AB}，若红黑表笔接反，测量指示值为负值，即 $-I_{AB}=I_{BA}$.

特别提示：

电流测量时要断开电路，才能将万用表串联在被测电路中；

万用表置于测量电流状态时，不允许两只表笔同时接触电压源两端或通电的元器件两端，否则将产生破坏性结果！

5. 读数与实际测量值.

(1) 电阻测量的读数与实际测量值.

电阻档包含 5 个倍率档，示数与测量值的关系为

$$测量值 = 指针示数 \times 倍率.$$

(2) 电压、电流的读数与实际测量值.

量程是万用表当前的测量状态，如万用表档位开关置于“直流电压档”10 V 量程，能够测量的最大值为 10 V，

$$测量值 = \frac{指针示数}{满量程示数} \times 量程.$$

四、实验电路

实验电路如图 8－5 所示.

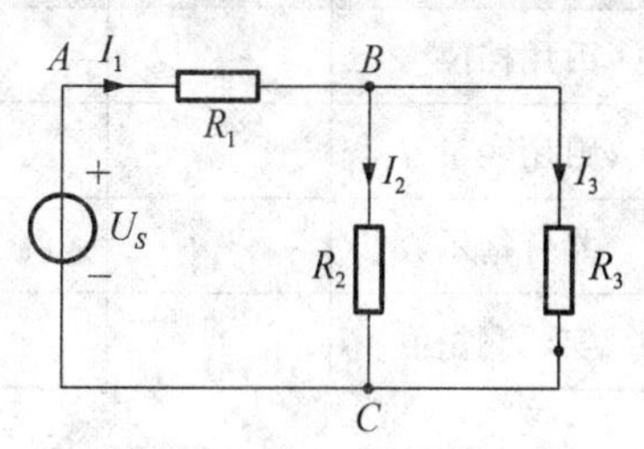

参数选取：$U_S=22\ \text{V}$，$R_1=2\ \text{k}\Omega$，$R_2=200\ \Omega$，$R_3=1\ \text{k}\Omega$

图 8－5

五、实验任务及步骤

1. 用万用表测量电阻，完成表 8－1.

(1) 测量标称值为 10 Ω 的电阻，选“$R\times1$”倍率，记录数据；

(2) 测量标称值为 200 Ω 的电阻，分别选“$R\times1$”、“$R\times10$”倍率，记录数据；

(3) 测量标称值为 6.2 kΩ 的电阻，分别选“$R\times10$”、“$R\times1$ k”倍率，记录数据.

表 8－1

项　　目		测 量 记 录				
电 阻 测 量	倍率选择	“$R\times1$”		“$R\times10$”		“$R\times1$ k”
	电阻标称值	10 Ω	200 Ω	200 Ω	6.2 kΩ	6.2 kΩ
	指针指示数					
	电阻测量值(Ω)					
选择的合理倍率						

2. 用万用表测量直流电压、直流电流.

(1) 调直流稳压电源输出电压，使 $U_S = 22$ V，切断稳压电源备用.

(2) 按照图 8－1 连接电路，并检查线路是否正确.

(3) 通电初试. 观察现场，若有异常（如元件发热、电表指示异常等），应立即断电并再次检查.

(4) 通电初试正常后，按要求进行测量.

① 测量各段电压. 万用表选择“直流电压”档，选择合适量程（先大再小），分别测量各段电压，并记录数据在表 8－2 中.

② 测量各支路电流. 万用表选择“直流电流”档，选择合适量程（先大再小），分别测量各支路电流，并将数据记录在表 8－2 中.

表 8－2

项目	U_S	U_{AB}	U_{BC}	U_{AC}	I_1	I_2	I_3
万用档位							
万用表量程							
指针指示数							
实际测量值							

六、实验小结

1. 若要测量约为 20 V 的直流电压 U_{AB}，应如何调节万用表？表笔应如何连接？写出详细操作步骤.

2. 若要测量约 10 mA 的直流电流 $I_{AB}(I_1)$，应如何调节万用表？表笔应如何连接？并写出详细操作步骤.

3. 若要测量标称值为 6.2 kΩ 的电阻，应如何调节万用表？写出详细操作步骤.

9

实验九

单臂电桥测量精密电阻

一、实验目的

1. 了解惠斯通电桥的基本工作原理；
2. 掌握用单臂电桥测量精密电阻的方法；
3. 掌握单臂电桥的读数方法；
4. 了解电阻值的测量误差.

二、实验准备

1. 单臂电桥 1 只；
2. 五色环电阻(30 Ω，50 Ω，200 Ω，510 Ω)各 1 个；
3. 导线若干.

三、单臂电桥的介绍

直流单臂电桥又称惠斯通电桥，其面板上各旋钮位置如图 9－1 所示，它可精密测量 1～10^6 Ω 电阻，通常用于测量各种电机、变压器及电器的直流阻值.

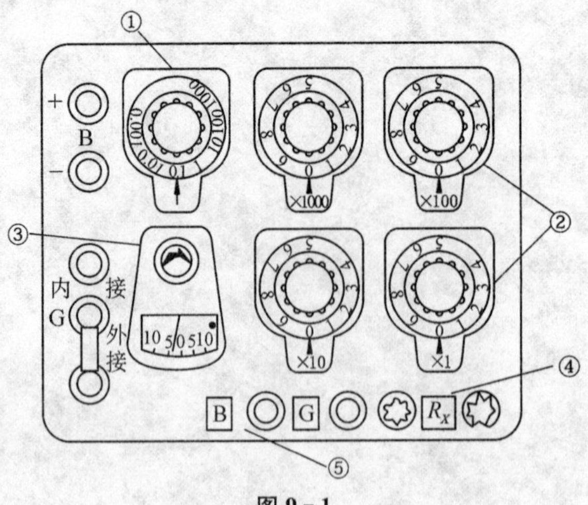

图 9－1

1. 面板介绍.

(1) 比较臂 R_b(图 9-1 中②). 由 4 组可调电阻串联而成，各组分别为"×1"Ω，"×10"Ω，"×100"Ω，"×1 000"Ω，每组都有 0～9 的十档. 调节 4 组比较臂转换开关，构成千、百、十、个位的四位读数和.

(2) 比例臂倍率(图 9-1 中①). 比例臂倍率可分为 0.001，0.01，0.1，1，10，100，1 000 共 7 档.

(3) 检流计(图 9-1 中③). 使用前应打开锁扣，调节机械调零旋钮，使指针指零. 本次采用内接电源和内接检流计.

(4) 电源按钮"B"和检流计按钮"G"(图 9-1 中⑤).

① 按下时，先按下电源按钮"B"，再按下检流计按钮"G"；

② 松开时，先松开检流计按钮"G"，再松开电源按钮"B".

2. 使用步骤.

(1) 本次采用内接电源和内接检流计.

(2) 打开检流计锁扣，调节机械调零旋钮，使指针指零.

(3) 将被测电阻接入 R_X 两端(图 9-1 中④). 根据被测电阻的阻值范围选择适合的比例臂倍率(图 9-1 中①)，使 4 组比较臂(图 9-1 中②)都用上.

(4) 快速准确地顺序按下按钮"B"和"G"，弹起按钮"G"和"B"，同时观察检流计指针的偏转方向：

① 若指针向右(正向)，则 R_b 值太小，需调节比较臂，使之增加；

② 若指针向左(负向)，则 R_b 值太大，需调节比较臂，使之减小.

(5) 重复第(4)步，直到检流计无偏转为止，有

$$R_X = \text{比例臂读数} \times \text{比较臂读数和}.$$

(6) 切断电桥电源，检流计锁零；拆下连线，收起电桥.

四、实验任务及步骤

1. 使用单臂电桥测量导线的电阻，将数据记录在表 9-1 中.
2. 使用单臂电桥测量标称值为 30 Ω 的色环电阻阻值，将数据记录在表 9-1 中.
3. 使用单臂电桥测量标称值为 50 Ω 的色环电阻阻值，将数据记录在表 9-1 中.
4. 使用单臂电桥测量标称值为 200 Ω 的色环电阻阻值，将数据记录在表 9-1 中.
5. 使用单臂电桥测量标称值为 510 Ω 的色环电阻阻值，将数据记录在表 9-1 中.

表 9-1

R_X 标称值	导线	30 Ω	50 Ω	200 Ω	510 Ω
比例臂倍率					
比较臂示数					
测量值(Ω)					
与标称值的误差(Ω)					

五、实验小结

1. 单臂电桥测量电阻时,若比例臂选择不合适,对测量结果有何影响?

2. 若要使用单臂电桥测量标称值为 30 Ω 的电阻,请写出操作步骤.

兆欧表的使用

一、实验目的

1. 了解绝缘电阻的概念；
2. 掌握兆欧表的使用方法；
3. 能看懂兆欧表铭牌的含义.

二、实验准备

1. 直流稳压电源 1 台；
2. 兆欧表 1 只；
3. 电动机 1 台.

三、兆欧表的介绍

兆欧表(Megger)的刻度以兆欧(MΩ)为单位，是电工常用的一种专门用来测量电气设备绝缘电阻的便携式仪表. 因其大多采用手摇发电机供电，故又称摇表. 兆欧表可以用来检查电气设备、家用电器或电气线路对地及三相供电电源相间的绝缘电阻，以保证这些设备、电器和线路工作在正常状态，避免发生触电伤亡及设备损坏等事故.

如图 10 - 1 所示，兆欧表有 3 个接线柱：接地端钮“E”、线路端钮“L”、屏蔽端钮“G”(用来消除表壳表面“L”与“E”之间的漏电和被测绝缘物表面漏电的影响).

图 10 - 1

1. 使用前的准备.

(1) 注意兆欧表的型号，以及额定电压和测量范围.

(2) 使用前对兆欧表进行自检：

① 开路测试：将两表夹子分开放置，匀速摇动兆欧表，表针须处在无穷大的位置；

② 短路测试：将两表夹子短接，轻轻摇动兆欧表，表针会马上回到 0 位；

③ 通过此上两步，可以证明兆欧表是好的.

(3) 使用前对被测设备进行检查：

① 检查被测电气设备和电路，看是否已全部切断电源，绝对不允许设备和线路带电时用兆欧表测量；

② 测量前，应对设备和线路先行放电，以免设备或线路的电容放电危及人身安全和损坏兆欧表，这样还可以减少测量误差，同时注意将被测试点擦拭干净.

(4) 兆欧表必须水平放置于平稳牢固的地方，以免在摇动时因抖动和倾斜产生测量误差.

2. 使用兆欧表进行测量的步骤.

(1) 准确接线.

① 在测量电气设备对地绝缘电阻时：端钮“L”用单根导线连接设备的待测部位，端钮“E”用单根导线连接设备外壳(见图 10－2)；

图 10－2

② 测电气设备内两绕组之间的绝缘电阻时：将端钮“L”和“E”分别连接两绕组的接线端(见图 10－3)；

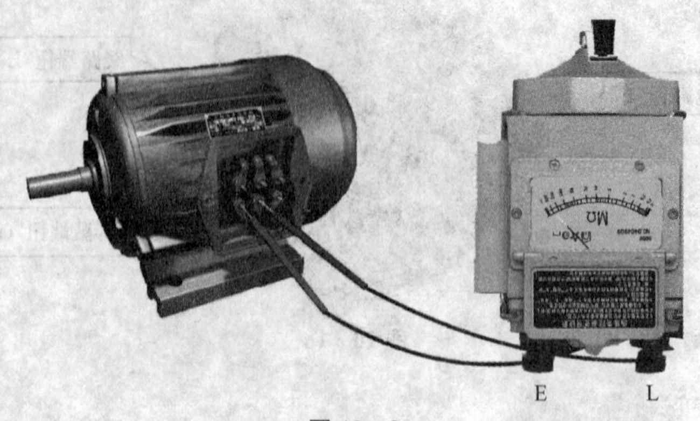

图 10－3

③ 测量电缆的绝缘电阻时：为消除因表面漏电产生的误差，端钮“L”接线芯，端钮“E”接外壳，端钮“G”接线芯与外壳之间的绝缘层.

注意：端钮“L”，“E”，“G”与被测物的连接线必须用单根线，并且要绝缘良好，不得绞合，表面不得与被测物体接触.

(2) 均匀摇动手柄，保持转速.

转速要均匀，一般规定为 120 r/min，允许有±20%的变化. 通常都要摇动 1 min 待指针稳定下来再读数.

如被测电路中有电容时，先持续摇动一段时间，让兆欧表对电容充电，指针稳定后再读数，测完后先拆去接线，再停止摇动. 若测量中发现指针指零，应立即停止摇动手柄.

(3) 读数. 待转速均匀指针稳定时读数.

(4) 兆欧表未停止转动以前，切勿用手去触及设备的测量部分或兆欧表接线桩. 拆线时也不可直接触及引线的裸露部分.

3. 测量使用后的工作.

(1) 测量完毕，应对设备充分放电，否则容易引起触电事故.

(2) 兆欧表应定期校验. 校验方法是直接测量有确定值的标准电阻，检查其测量误差是否在允许范围以内.

四、实验任务及步骤

1. 使用兆欧表测量电动机相线与地之间的绝缘电阻，完成表 10-1.

表 10-1

项　　目		U 相绕组与地	V 相绕组与地	W 相绕组与地
接线方法	接地端钮“E”			
	线路端钮“L”			
测量结果读数				
绝缘性判定				

2. 使用兆欧表测量电动机相线与相线之间的绝缘电阻，完成表 10-2.

表 10-2

项　　目		U-V	V-W	W-U
接线方法	接地端钮“E”			
	线路端钮“L”			
测量结果读数				
绝缘性判定				

3. 使用兆欧表测量三相供电电源相线与零线之间的绝缘电阻，完成表 10-3.

表 10-3

项　　目		U—N	V—N	W—N
接线方法	接地端钮“E”			
	线路端钮“L”			
测量结果读数				
绝缘性判定				

五、实验小结

1. 绝缘电阻的作用是什么？其阻值为什么要很大？

2. 兆欧表铭牌的含义有哪些？

3. 使用兆欧表进行绝缘电阻测量时，有哪些注意事项？

4. 为什么兆欧表的表头示数以“兆欧”为单位？

基尔霍夫电流定律的验证

一、实验目的

1. 理解基尔霍夫电流定律的概念；
2. 熟悉用万用表测量直流电压、直流电流；
3. 用实验方法验证基尔霍夫电流定律；
4. 能根据电路图连接电路.

二、实验准备

1. 0～30 V 的直流稳压电源 2 台；
2. 万用表 1 只；
3. 电阻(1 kΩ，2 kΩ，510 Ω)各 1 个；
4. 导线若干.

三、实验电路

实验电路如图 11－1 所示.

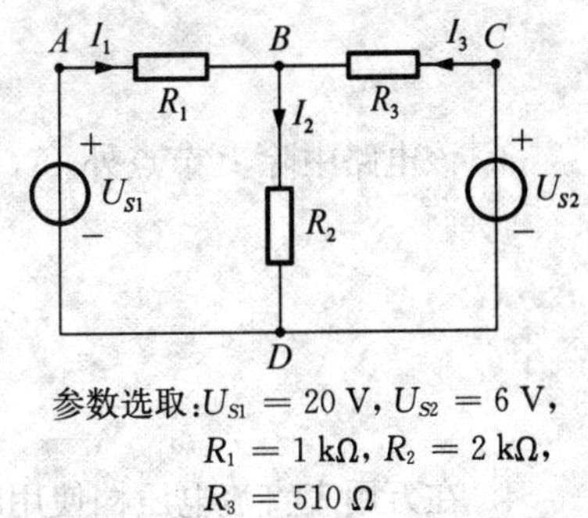

参数选取：$U_{S1}=20\text{ V}$，$U_{S2}=6\text{ V}$，$R_1=1\text{ k}\Omega$，$R_2=2\text{ k}\Omega$，$R_3=510\ \Omega$

图 11－1

四、实验任务及步骤

1. 调节直流稳压电源输出电压.

开启稳压电源开关，缓慢调节输出电压调节旋钮，使第一路电源输出电压 U_{S1} 为 20 V，第二路电源输出电压 U_{S2} 为 6 V(万用表表头示数)，切断稳压电源备用.

2. 按照图 11－1 连接实验电路，检查线路是否正确.

3. 通电初试. 观察现场，若有异常(如元件发热、电表指示异常等)，应立即断电并再次检查.

4. 通电初试正常后，按要求测量各支路电流，并记录数据.

(1) 测量 I_1，并将数据记录在表 11－1 中.

切断稳压电源，拆下 U_{S1} 与 R_1 间连线. 将万用表置为测量直流电流档，红表笔接 U_{S1} 端、黑表笔接 R_1 端(即：电流为红笔“进”、黑笔“出”). 开启稳压电源开关，测量电流 I_1；测后切断稳

压电源，恢复U_{S1}与R_1间连线.

(2) 用同样方法测量I_2，I_3，将测量数据记入表 11-1.

注意：测量电流时，电流表应该串联接入电路(即用电流表代替导线).

表 11-1

项目 ($U_{S1}=20$ V, $U_{S2}=6$ V)	I_1	I_2	I_3
填入已计算值			
万用表档位			
万用表量程			
测量值			

五、实验小结

1. 写出基尔霍夫电流定律的表达式.

2. 在图 11-1 中，对于 B 节点求 $\sum I$ 值.

3. 该电路中除 B 节点外，A, C, D 中还有哪些点是节点？

4. 在万用表直流电压档使用时有哪些注意事项？

5. 在万用表直流电流档使用时有哪些注意事项？

基尔霍夫电压定律的验证

一、实验目的

1. 理解基尔霍夫电压定律的概念;
2. 熟悉用万用表测量直流电压和直流电流;
3. 用实验方法验证基尔霍夫电压定律;
4. 能根据电路图连接电路.

二、实验准备

1. 0～30 V 的直流稳压电源 2 台;
2. 万用表 1 只;
3. 电阻(1 kΩ, 2 kΩ, 510 Ω)各 1 个;
4. 导线若干.

三、实验电路

实验电路如图 12-1 所示.

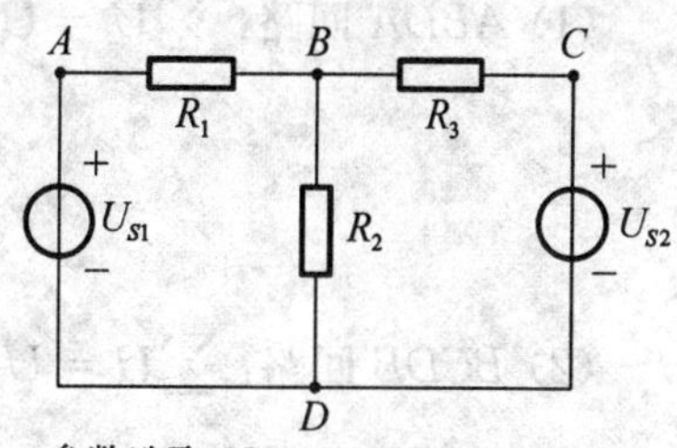

参数选取:$U_{S1}=20$ V, $U_{S2}=6$ V, $R_1=1$ kΩ, $R_2=2$ kΩ, $R_3=510$ Ω

图 12-1

四、实验任务及步骤

1. 调节直流稳压电源输出电压.

开启稳压电源开关,缓慢调节输出电压调节旋钮,使第一路电源输出电压 U_{S1} 为 20 V,第二路电源输出电压 U_{S2} 为 6 V(万用表表头示数),切断稳压电源备用.

2. 按照图 12-1 连接实验电路,检查线路是否正确.

3. 通电初试.观察现场,若有异常(如元件发热、电表指示异常等),应立即断电并再次检查.

4. 通电初试正常后,按要求测量各段电压,并记录数据.

(1) 测量电源两端电压 U_{S1} 和 U_{S2},并将数据记录在表 12-1 中.

将万用表置于直流电压档,将红表笔与直流电源输出的“+”端相连,黑表笔与直流电源输出的“-”端相连(即:红笔接“+”,黑笔接“-”).

(2) 测量电路中各段电压,测量数据记入表 12 - 1.

如测 U_{AB} 时,万用表置于直流电压档,红表笔与 A 点相连,黑表笔与 B 点相连.依此类推.

5. 通电测量,并将数据记录在表 12 - 1 中.

表 12 - 1

项目($U_{S1}=20$ V, $U_{S2}=6$ V)	U_{AB}	U_{BC}	U_{CD}	U_{BD}
填入已计算值				
测量值				
万用档位				
万用表量程				

五、实验小结

1. 写出基尔霍夫电压定律的表达式.

2. 各回路数据分析:

(1) $ABDA$ 回路: $\sum U=U_{AB}+U_{BD}+U_{DA}=U_{AB}+U_{BD}-U_{S1}=$ ________;

(2) $BCDB$ 回路: $\sum U=U_{BC}+U_{CD}+U_{DB}=$ ________ $=$ ________;

(3) $ACDA$ 回路: $\sum U=$ ________ $=$ ________ $=$ ________.

3. 若需测量 U_{AB} 时,万用表应该如何调节? 表笔应该如何连接?

叠加定理的验证

一、实验目的

1. 理解叠加定理的概念；
2. 熟悉用万用表测量直流电压和直流电流；
3. 用实验方法验证叠加定理；
4. 能根据电路图连接电路.

二、实验准备

1. 0～30 V 的直流稳压电源 2 台；
2. 万用表 1 只；
3. 电阻(1 kΩ，2 kΩ，510 Ω)各 1 个；
4. 导线若干.

三、实验电路

实验电路分别如图 13 - 1、图 13 - 2 和图 13 - 3 所示. 在 3 种电路中，参数的具体选取如下：$U_{S1}=20\text{ V}$，$U_{S2}=6\text{ V}$，$R_1=1\text{ k}\Omega$，$R_2=2\text{ k}\Omega$，$R_3=510\ \Omega$.

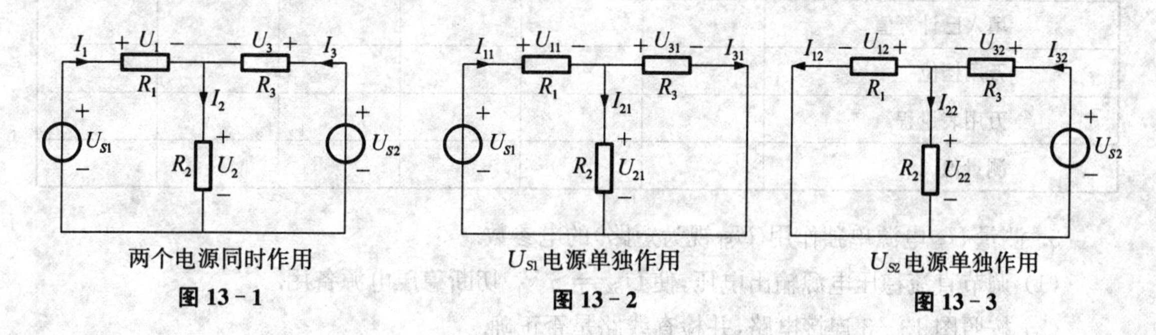

两个电源同时作用

图 13 - 1

U_{S1}电源单独作用

图 13 - 2

U_{S2}电源单独作用

图 13 - 3

四、实验任务及步骤

1. 测量原电路两个电源同时作用的电参数.

(1) 调节直流稳压电源输出电压，使 $U_{S1}=20\text{ V}$，$U_{S2}=6\text{ V}$，切断稳压电源备用.

(2) 按照图 13－1 连接电路，并检查线路是否正确.

(3) 通电初试. 观察现场，若有异常(如元件发热、电表指示异常等)，应立即断电并再次检查.

(4) 通电初试正常后，按要求测量，并记录数据.

① 测量各电压值，将数据记录在表 13－1 中.

② 测量各电流值，将数据记录在表 13－1 中.

表 13－1

项目 ($U_{S1}=20$ V, $U_{S2}=6$ V)	U_1	U_2	U_3	I_1	I_2	I_3
填入已计算值						
万用表档位						
万用表量程						
测量值						

2. 测量 U_{S1} 电源单独作用(U_{S2} 视为短路)的电参数.

(1) 调节直流稳压电源输出电压，使 $U_{S1}=20$ V. 切断稳压电源备用.

(2) 按照图 13－2 连接电路，并检查线路是否正确.

(3) 通电初试. 观察现场，若有异常(如元件发热、电表指示异常等)，应立即断电并再次检查.

(4) 通电初试正常后，按要求测量，并记录数据.

① 测量各电压值，将数据记录在表 13－2 中.

② 测量各电流值，将数据记录在表 13－2 中.

表 13－2

项目 ($U_{S1}=20$ V)	U_{11}	U_{21}	U_{31}	I_{11}	I_{21}	I_{31}
填入已计算值						
万用档位						
万用表量程						
测量值						

3. 测量 U_{S2} 电源单独作用(U_{S1} 视为短路)的电参数.

(1) 调节直流稳压电源输出电压，使 $U_{S2}=6$ V. 切断稳压电源备用.

(2) 按照图 13－3 连接电路，并检查线路是否正确.

(3) 通电初试. 观察现场，若有异常(如元件发热、电表指示异常等)，应立即断电并再次检查.

(4) 通电初试正常后，按要求测量，并记录数据.

① 测量各电压值，将数据记录在表 13－3 中.

② 测量各电流值，将数据记录在表 13－3 中.

表 13－3

项目 ($U_{S2}=6$ V)	U_{12}	U_{22}	U_{32}	I_{12}	I_{22}	I_{32}
填入已计算值						
万用档位						
万用表量程						
测量值						

五、实验小结

1. 说明叠加定理的内容.

2. 根据本次实验数据分析，两个电源共同作用的参数(见表 13－1)与单个电源单独作用的参数(见表 13－2 和表 13－3)之间有何联系？

(1) 对于 R_1，其 I_1 与 I_{11}，I_{12} 的关系如何？U_1 与 U_{11}，U_{12} 的关系如何？

(2) 对于 R_2，其 I_2 与 I_{21}，I_{22} 的关系如何？U_2 与 U_{21}，U_{22} 的关系如何？

(3) 对于 R_3，其 I_3 与 I_{31}，I_{32} 的关系如何？U_3 与 U_{31}，U_{32} 的关系如何？

3. 在实际电路测量中，当一个电源单独作用时，电路中另外的电压源是如何处理的？

戴维南定理的验证

一、实验目的

1. 理解戴维南定理的概念；
2. 进一步熟悉用万用表测量直流电压、直流电流、电阻；
3. 用实验方法验证戴维南定理；
4. 能根据电路图连接电路.

二、实验准备

1. 0～30 V 的直流稳压电源 2 台；
2. 万用表 1 只；
3. 电阻(1 kΩ, 2 kΩ, 510 Ω)各 1 个；
4. 导线若干.

三、实验电路

实验电路分别如图 14－1、图 14－2、图 14－3 和图 14－4 所示. 4 种电路中，参数的具体选取如下：$U_{S1}=20\text{ V}$, $U_{S2}=6\text{ V}$, $R_1=1\text{ k}\Omega$, $R_2=2\text{ k}\Omega$, $R_3=510\ \Omega$.

在图 14－1 中，虚线内的电路就是有源二端口网络；根据戴维南定理，其开路电压的测量电路如图 14－2 所示；因实验台稳压电源的内阻远小于电路中的电阻 R_1, R_2，可以忽略电压源内阻对戴维南等效电阻的影响，戴维南等效电阻的测量电路如图 14－3 所示，即 $R_0=R_1//R_2$；通过实验得到的戴维南等效电路如图 14－4 所示.

在图 14－1 与图 14－4 中，若 U 与 U'、I 与 I' 非常接近，则图 14－1 与图 14－4 虚线框内的电路等效，即戴维南定理得到验证.

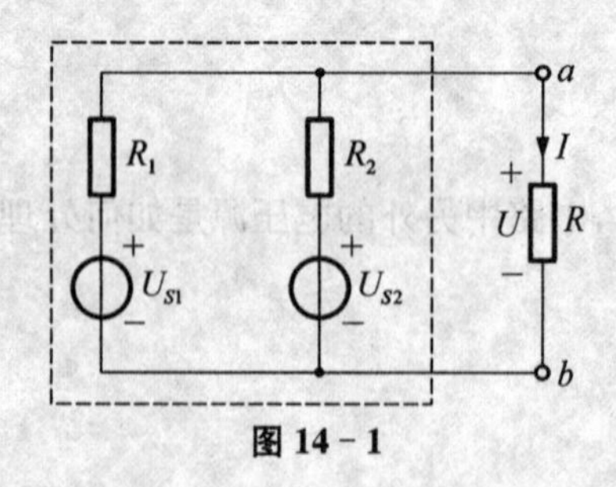

图 14－1

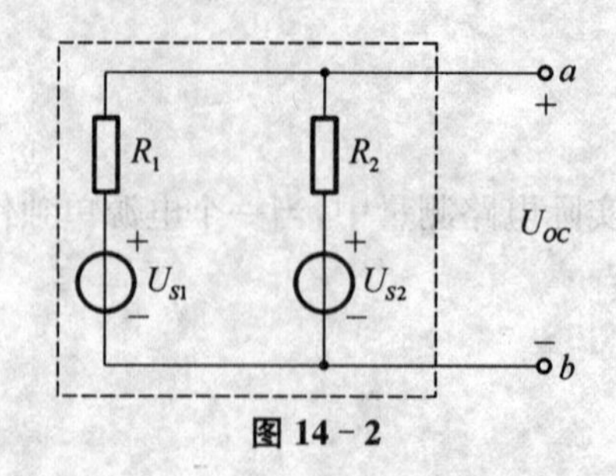

图 14－2

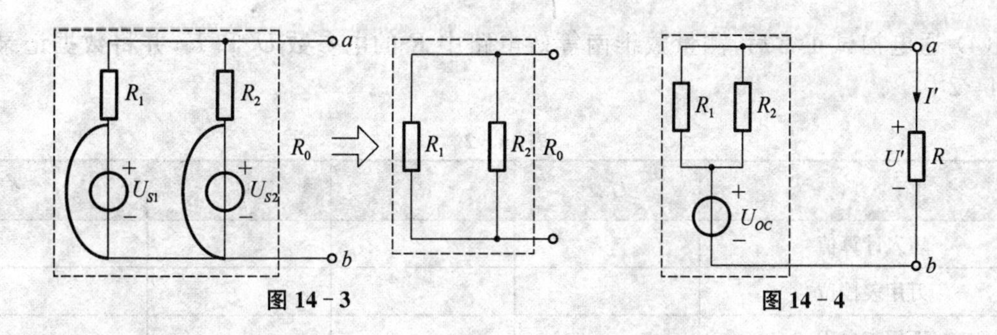

图 14-3　　　　图 14-4

四、实验任务及步骤

1. 原电路中元件 R 的电参数的测量.

(1) 调节直流稳压电源输出电压，使 $U_{S1}=20$ V，$U_{S2}=6$ V，切断稳压电源备用.

(2) 按照图 14-1 连接电路，并检查线路是否正确.

(3) 通电初试. 观察现场，若有异常(如元件发热、电表指示异常等)，应立即断电并再次检查.

(4) 通电初试正常后，测量 R 的电参数 U 和 I，并将数据记录在表 14-1 中.

表 14-1

项目($U_{S1}=20$ V, $U_{S2}=6$ V)	U	I
填入已计算值		
万用表档位		
万用表量程		
测量值		

2. 有源二端口网络的开路电压 U_{OC} 的测量.

(1) 切断稳压电源后断开 R，完成图 14-2 的连接，并检查线路是否正确.

(2) 通电初试. 观察现场，若有异常(如元件发热、电表指示异常等)，应立即断电并再次检查.

(3) 通电初试正常后，测量 ab 两点间的电压 U_{OC}，并将数据记录在表 14-2 中.

3. 有源二端口网络的等效电阻 R_0 的测量.

(1) 完成图 14-3 的连接，并检查线路是否正确.

(2) 使用万用表欧姆档，测量 ab 两点间的等效电阻 R_0，并将数据记录在表 14-2 中.

4. 戴维南等效后，电路中 R 的电参数的测量.

(1) 调节直流稳压电源，使输出电压为已测量的 U_{OC} 值，切断稳压电源备用.

(2) 按照图 14-4 连接电路，并检查线路是否正确.

(3) 通电初试. 观察现场，若有异常(如元件发热、电表指示异常等)，应立即断电并再次检查.

(4) 通电初试正常后，测量戴维南等效电路中 R 的电参数 U' 和 I'，并将数据记录在表 14－2中.

表 14－2

项　　目	U_{OC}	R_0	U'	I'
填入计算值				
万用表档位				
万用表量程				
测量值				

五、实验小结

1. 说明戴维南定理的内容.

2. 根据本次实验数据分析，原电路中 R 的参数 U 和 I 与戴维南等效后电路中 R 的参数 U' 和 I' 有何关系？

3. 在实际测量 ab 间等效电阻时，电路中的电压源是如何处理的？

电容充放电的测试(演示)

一、实验目标

1. 用示波器演示电容的充放电特性;
2. 能根据电路图连接线路;
3. 初步演示函数信号发生器及示波器的使用,并观察电容充放电的波形图.

二、实验准备

1. 函数信号发生器 1 台(信号频率范围为 1～159 000 Hz,振幅≥5 V);
2. 双踪示波器 1 台(如 XJ4328 型示波器);
3. 电阻(62 kΩ)一个,电容(1 μF)一个;
4. 信号通道线 2 路,导线若干.

三、实验电路

RC 充放电实验电路如图 15 - 1 所示.

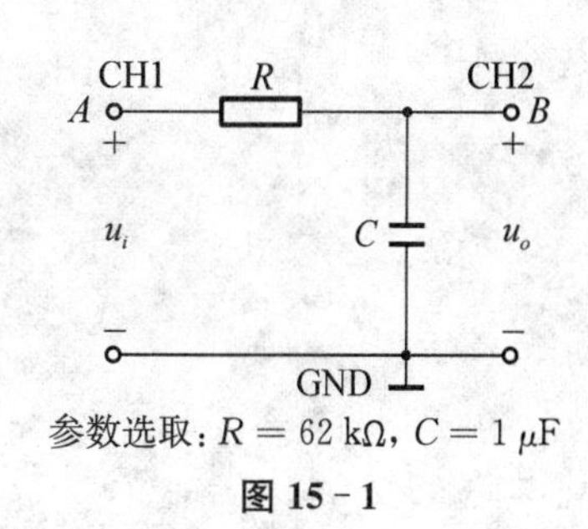

参数选取: $R = 62$ kΩ, $C = 1$ μF

图 15 - 1

四、实验任务及步骤

1. 函数信号发生器输出电压 u_i 的调节.

开启函数信号发生器的电源开关,选择输出波形为矩形波,并调节其频率为 10 Hz(即周期为 100 ms). 用示波器的 CH1 信号通道监视信号发生器输出,调节函数信号发生器的幅值旋钮,使其输出波形为如图 15 - 2 所示的 u_i 电压波形,然后断开函数信号发生器的电源开关备用.

图 15 - 2

2. 示波器调节.

垂直方式控制开关(MODE)置于“CH1”,时间/度开关置于“50 ms/DIV”, CH1 的电压/度开关(VOLTS/DIV)置于“2 V/DIV”. 开启电源开关,扫描光迹调节到光屏水平中间刻度线,CH1 输入耦合方式开关置于“AC”.

3. 按照图 15 - 1 所示电路连接,并检查线路是否正确.

4. 通电初试.观察现场,若有异常(如元件发热、电表指针异常等),立即断电并再次检查.

5. 通电情况正常后的工作.

如图 15-1 所示,函数信号发生器的输出电压作为电路的输入电压 u_i,加于“A”与“GND”之间;右侧端口为输出电压 u_o,加于“B”与“GND”之间;将垂直方式控制开关(MODE)置于“CHOP”(即双踪显示),CH2 的电压/度开关(VOLTS/DIV)置于“2 V/DIV”,观察输入、输出电压波形的对应关系.测量并记录输出电压的幅值,并在图 15-2 中画出 $f=10$ Hz 时电路输入与输出电压的波形图.

五、实验小结

1. 电容有哪些特性?

2. 函数信号发生器的使用步骤有哪些?

函数信号的测量

一、实验目标

1. 掌握函数信号发生器的使用；
2. 能根据要求调节函数信号发生器；
3. 能用交流毫伏表测量函数信号发生器输出电压的有效值.

二、实验准备

1. 函数信号发生器1台(信号频率范围为1～159 000 Hz,振幅≥5 V,如数控智能函数信号发生器)；
2. 交流毫伏表1只(如WY2174型毫伏表)；
3. 信号通道线2路,导线若干.

三、仪器介绍

1. 函数信号发生器面板介绍.

数控智能函数信号发生器的面板如图16-1所示.

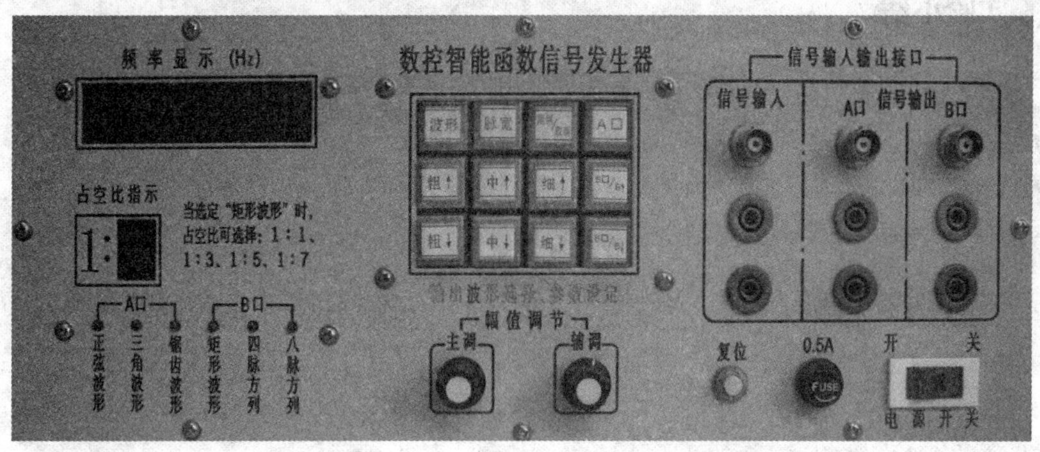

图16-1

2. WY2174 交流毫伏表面板介绍及使用.

WY2174 交流毫伏表的面板如图 16－2 所示.

(1) 开启电源;

(2) 选择量程开关;

(3) 面板正确读数.

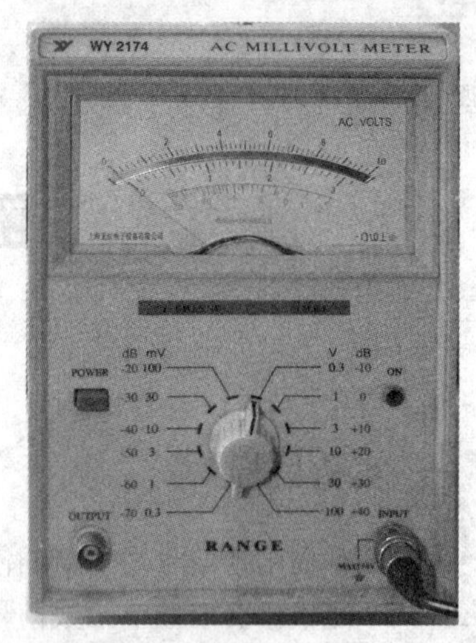

图 16－2

四、实验任务及步骤

1. 开启实验台电源,然后开启数控智能函数信号发生器的电源开关.

2. 调节数控智能函数信号发生器的“波形”选择,使得 A 口显示正弦波形.

3. 调整“粗”、“中”、“细”3 组调整按钮,改变输出的频率,其大小显示在左上方的“频率显示”上.

4. 调节“主调”和“辅调”旋钮,改变信号输出的大小.用交流毫伏表测量 A 口输出交流信号的有效值为 2 V.

5. 改变输出信号波形(三角波或方波等)及频率,重复上述步骤,并填写表 16－1.

表 16－1

波形种类	频率(Hz)	有效值(V)	写出关键旋钮的操作方法
正弦波	500	2	
三角波	1 000	2	
方波	100	1	

五、实验小结

1. A 口的输出信号有几种波形?若需要输出信号为矩形波,信号输出应选择哪个端口?

2. 若需要输出幅值大小为 3 V、频率为 1 000 Hz 的交流正弦波,需要调整哪些旋钮?

用示波器测量单相正弦交流电的参数

一、实验目标

1. 熟悉单相交流电的峰峰值、最大值、周期、频率等参数；
2. 会用示波器测试单相正弦交流电的上述参量；
3. 进一步熟悉示波器的使用.

二、实验准备

1. 函数信号发生器1台(信号频率范围为1～159 000 Hz,振幅≥5 V)；
2. 双踪示波器1台(如XJ4328型示波器)；
3. 信号通道线2路,导线若干.

三、仪器介绍

XJ4328示波器的面板如图17-1所示.

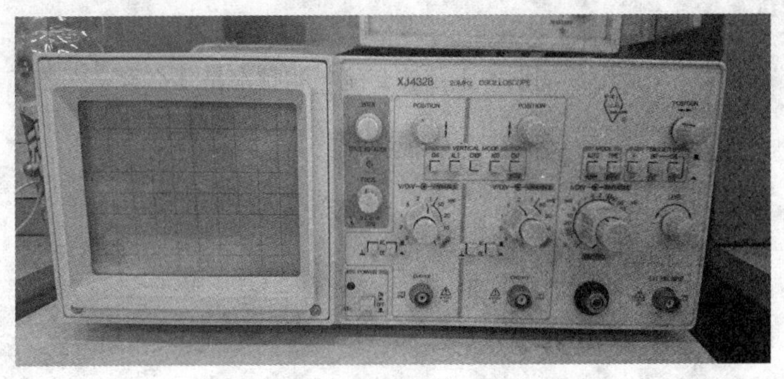

图17-1

四、实验任务及步骤

1. 开启函数信号发生器电源.
2. XJ4328的使用步骤如下：

(1) 开启示波器电源开关预热；

(2) 低频信号函数发生器输出信号频率 1 000 Hz、幅度为 5 mV；

(3) 按下垂直方式选择开关“CH1”，触发扫描方式为“AUTO”；

(4) 将“电压/度”(v_1/div) 旋钮置于“2 mV”，“时间/度”(t_1/div) 旋钮置于“0.5 ms”，同时应将“电压/度”和“时间/度”校准旋钮顺时针旋转到底；

(5) 耦合方式选择“交流耦合方式”(即“AC”)；

(6) 信通“CH1”接到信号函数发生器的两端；

(7) 光屏上应显示约 5 个周期的正弦波；

(8) 若波形不稳定，调节“触发电平控制”旋钮(即“LEVEL”旋钮).

3. 单相正弦交流电的周期测试：

(1) 将示波器的 CH1 通道勾在函数信号发生器输出端的红色夹子端，接地夹子(黑色夹子)与函数信号发生器的接地端接在一起，光屏上应显示一定个数的正弦波；

(2) 读出水平方向一个周期的正弦信号格数为________格，则周期

$$T = \_\_\_\_/\text{div} \times \_\_\_\_ \text{格} = \_\_\_\_ \text{s}.$$

例如：$f = 1\,000$ Hz，则 $T = 0.5$ ms/div $\times 2$ 格 $= 1$ ms.

4. 单相正弦交流电的峰峰值、最大值测试：

读出垂直方向的正弦信号格数为________格，则

峰峰值 $U_{p\text{-}p} = \_\_\_\_/\text{div} \times \_\_\_\_$ 格 $= \_\_\_\_$ V，最大值 $U_m = U_{p\text{-}p}/2 = $ ________ V.

例如：格数为 2.5 格，“v/div”旋钮置于“2 mV”，则

$$U_{p\text{-}p} = 2\ \text{mV/div} \times 2.5\ \text{格} = 5\ \text{mV},\ U_m = 2.5\ \text{mV}.$$

五、实验小结

1. 怎样定义正弦波交流电的周期？正弦波交流电的频率是什么含义？若 $T = 1$ms，则 $f =$？

2. 什么是正弦波交流电的峰峰值？什么是正弦波交流电的最大值？两者存在什么样的关系？

3. 说出正弦波交流电的 $U_{\mathrm{p\text{-}p}}$ 和 U_{m} 的测量步骤.

4. 说出正弦波交流电周期的测量步骤.

5. 交流电除了正弦波以外,还有其他波形的交流电吗?请作出说明.

单相交流纯电阻电路的测试

一、实验目标

1. 掌握纯电阻电路中电压、电流的关系及其相量表示；

2. 理解纯电阻电路中电压、电流同相位的概念；

3. 能根据电路图连接线路；

4. 能根据电信号的波形读出电压、电流的峰峰值、最大值、有效值、周期、频率以及相位关系.

二、实验准备

1. 函数信号发生器 1 台(信号频率范围为 1～159 000 Hz,振幅≥5 V)；

2. 双踪示波器 1 台(如 XJ4328 型示波器)；

(1) 打开双踪示波器电源开关,预热 3 min；

(2) 将“t/div”旋钮置于“0.5 ms”处,“v_1/div”和“v_2/div”旋钮置于合适位置；

(3) 调节各旋钮,使屏幕上显示两条光迹,不断电待用.

3. 交流毫伏表 1 台(如 WY2174 型毫伏表)；

4. 电阻(1 Ω, 200 Ω)各 1 个；

5. 信号通道线 2 路,导线若干.

三、实验电路

单相交流电纯电阻实验电路如图 18 - 1 所示.

四、实验任务及步骤

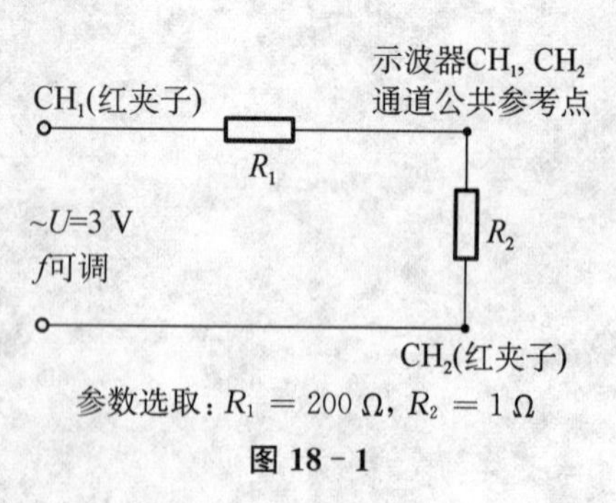

参数选取：R_1 = 200 Ω, R_2 = 1 Ω

图 18 - 1

1. 开启电源,调节函数信号发生器主调和辅调旋钮,用毫伏表测量,使其输出电压 $U = 3$ V, $f = 100$ Hz 的正弦交流电(如采用设备 A 口输出). 测量结束后,断电待用.

2. 根据电路图 18 - 1 接线.

3. 通电测试电压与电流波形,并记录相关参数.

用双踪示波器显示电源在 100 Hz 下的电压与电流波形：

(1) 用 CH_1 通道测试该电路电源电压 U 的波形，因为 $R_2 \ll R_1$，所以 U_{R1} 可以近似看成电源电压；

(2) 用 CH_2 通道测试该电路中的电流波形时，因为 R_2 取 1 Ω，所以 $U_{R2} = IR_2 = I$，因此 U_{R2} 的波形可近似看成该电路的电流波形.

注意：使用双踪示波器测电路中的电压与电流时，示波器只能测电压波形，并且双踪示波器在使用时两信通一定要用同一个公共参考点，故将电阻 R_2 上的电压视为电流，且 R_2 上的电压是规定正方向电压的反方向.

4. 观察 u_{R1} 和 u_{R2} 的波形，读出两个波形的峰峰值、最大值、有效值、周期以及相位差关系，对应填入表 18－1 中，并画出其波形图.

表 18－1

测量值 / 信通	U_{p-p}(V)	U_m(V)	U(V)	T(s)	f(Hz)	$\Delta\varphi$
u_{R1}						
u_{R2}						

5. 改变单相交流电的频率分别为 500 Hz，1 000 Hz，2 000 Hz，依次通过 XJ4328 双踪示波器观察 R_1 和 R_2 两端的电压波形，读出两个波形的峰峰值、最大值、有效值、周期以及相位关系，对应填入表 18－2 中.

表 18－2

频率(Hz) / 测量计算值(V)	$f = 100$	$f = 500$	$f = 1\,000$	$f = 2\,000$
U_{R1p-p}				
$U_{R1} = \frac{U_{R1p-p}}{2\sqrt{2}}$				
U_{R2p-p}				
$U_{R2} = \frac{U_{R2p-p}}{2\sqrt{2}}$				

续 表

测量计算值 \ 频率(Hz)	$f=100$	$f=500$	$f=1\,000$	$f=2\,000$
$I=\frac{U_{R2}}{R_2}$(A)				
$R_1=\frac{U_{R1}}{I}$(Ω)				
$\Delta\varphi$				

五、实验小结

1. 根据表 18-1 中所读的数据，可以得出什么结论？

2. 根据表 18-2 中所读的数据，可以得出什么结论？

3. 用毫伏表测量函数信号发生器，使其 A 口输出电压 $U=3$ V，毫伏表的量程应该选择多少？测出量是什么值？

4. 若示波器的“t/div”旋钮置于“5 ms”、波形周期 $T=0.01$ s 时，示波器上能显示几个波形？

单相交流纯电感电路的测试

一、实验目标

1. 掌握纯电感电路中电压、电流的关系及其相量表示；
2. 理解纯电感电路中电压、电流相位超前和滞后的概念；
3. 能根据电路图连接线路；
4. 能根据波形读出电压和电流的峰峰值、最大值、有效值、周期、频率以及相位关系.

二、实验准备

1. 函数信号发生器 1 台(信号频率范围为 1～159 000 Hz,振幅≥5 V)；
2. 双踪示波器 1 台(如 XJ4328 型示波器)；
(1) 打开双踪示波器电源开关,预热 3 min；
(2) 将“t/div”旋钮置于 0.5 ms 处,“v_1/div”和“v_2/div”旋钮置于合适位置；
(3) 调节各旋钮,使屏幕上显示两条光迹,不断电待用.
3. 交流毫伏表 1 只(如 WY2174 型毫伏表)；
4. 电阻(0.1 Ω)1 个,电感(30 mH)1 个；
5. 信号通道线 2 路,导线若干.

三、实验电路

单相交流纯电感实验电路如图 19－1 所示.

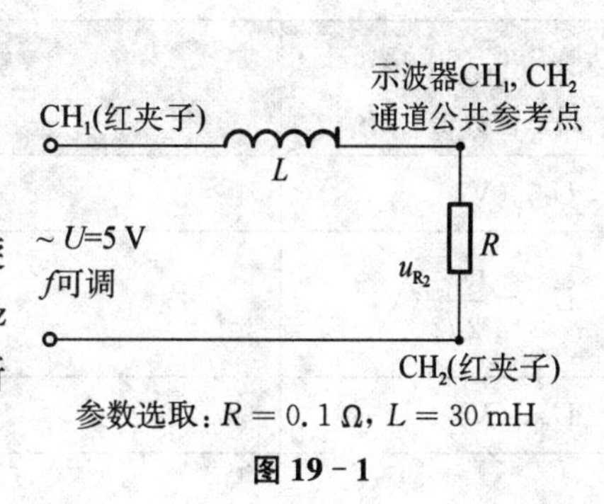

图 19－1

四、实验任务及步骤

1. 开启电源,调节函数信号发生器主调和辅调旋钮,用毫伏表测量,使其输出电压 $U = 5$ V, $f = 100$ Hz 的正弦交流电(如采用设备 A 口输出). 测量结束后,断电待用.
2. 根据电路图 19－1 接线；
3. 通电测试电压与电流波形,并记录相关参数.

用双踪示波器显示电源在 100 Hz 下的电压与电流波形：

(1) 用 CH_1 通道测试该电路电源电压 U 的波形，因为 $R \ll X_L$，所以 U_L 可以近似看成电源电压；

(2) 用 CH_2 通道测试该电路中的电流波形，因为 R 取 0.1 Ω，所以 U_R 的波形可近似看成该电路的电流.

注意：使用双踪示波器测电路中的电压与电流时，示波器只能测电压波形，并且双踪示波器在使用时两信通一定要用同一个公共参考点，故将电阻 R 上的电压视为电流，且 R 上的电压是规定正方向电压的反方向.

4. 观察 u_L 和 u_R 的波形，读出两个波形的峰峰值、最大值、有效值、周期以及相位差关系，对应填入表 19－1 中，并画出其波形图.

表 19－1

测量值 信通	$U_{p\text{-}p}$(V)	U_m(V)	U(V)	T(s)	f(Hz)	$\Delta\varphi$
u_L						
u_R						

5. 改变单相交流电的频率分别为 500 Hz，1 000 Hz，2 000 Hz，依次通过 XJ4328 双踪示波器观察电感 L 和 R 两端的电压波形，读出两个波形的峰峰值、最大值、有效值、周期以及相位关系，对应填入表 19－2 中.

表 19－2

频率(Hz) 测量计算值	$f=100$	$f=500$	$f=1\,000$	$f=2\,000$
$U_{Lp\text{-}p}$(V)				
$U_L=\frac{U_{Lp\text{-}p}}{2\sqrt{2}}$(V)				
$U_{Rp\text{-}p}$(V)				
$U_R=\frac{U_{Rp\text{-}p}}{2\sqrt{2}}$(V)				

续 表

测量计算值 \ 频率(Hz)	$f=100$	$f=500$	$f=1\,000$	$f=2\,000$
$I=\frac{U_R}{R}$(A)				
$X_L=\frac{U_L}{I}$(Ω)				
$\Delta\varphi$				

五、实验小结

1. 根据表 19-1 中所读的数据,可以得出什么结论?

2. 根据表 19-2 中所读的数据,可以得出什么结论?

3. 用毫伏表测量函数信号发生器,使其 A 口输出电压 $U=5$ V,毫伏表的量程应该选择多少?测出量是什么值?

4. 若波形周期 $T=0.01$ s (10 ms),要在示波器上能显示 10 个波形,则示波器的"t/div"旋钮应置于什么位置?

单相交流纯电容电路的测试

一、实验目标

1. 掌握交流纯电容电路中电压、电流的关系以及其相量表示；
2. 理解交流电纯电容电路中电压、电流相位超前和滞后的概念；
3. 能根据电路图连接线路；
4. 能根据波形读出电压和电流的峰峰值、最大值、有效值、周期、频率以及相位关系.

二、实验准备

1. 函数信号发生器1台(信号频率范围为1～159 000 Hz,振幅≥5 V)；
2. 双踪示波器1台(如XJ4328型示波器)；

(1) 打开双踪示波器电源开关,预热3 min；

(2) 将“t/div”旋钮置于0.5 ms处,“v_1/div”和“v_2/div”旋钮置于合适位置；

(3) 调节各旋钮,使屏幕上显示两条光迹,不断电待用.

3. 交流毫伏表1只(如WY2174型毫伏表)；
4. 电阻(1 Ω)1个,电容(4.7 μF) 1个；
5. 信号通道线2路,导线若干.

三、实验电路

单相交流纯电容实验电路如图20-1所示.

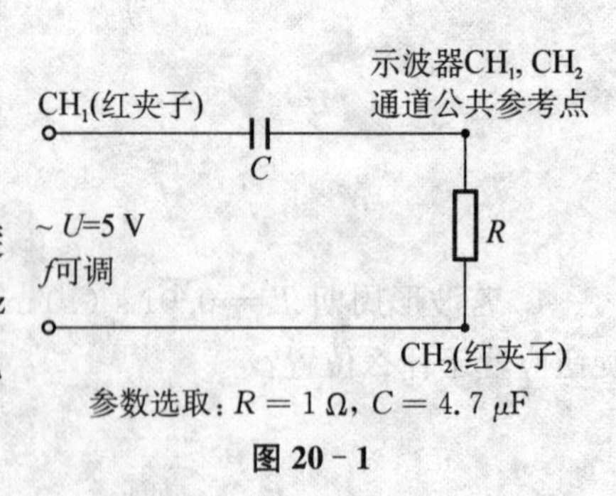

图 20-1

四、实验任务及步骤

1. 开启电源,调节函数信号发生器主调和辅调旋钮,用毫伏表测量,使其输出电压$U = 5$ V, $f = 100$ Hz的正弦交流电(如采用设备A口输出). 测量结束后,断电待用.

2. 根据电路图20-1接线.

3. 通电测试电压与电流波形,并记录相关参数.

用双踪示波器显示电源在100 Hz下的电压与电流波形：

(1) 用 CH_1 通道测试该电路电源电压 U 的波形，因为 $R \ll X_C$，所以 U_C 可以近似看成电源电压；

(2) 用 CH_2 通道测试该电路中的电流波形，因为 R 取 1 Ω，所以 U_R 的波形可近似看成该电路的电流.

注意：使用双踪示波器测电路中的电压与电流时，示波器只能测电压波形，并且双踪示波器在使用时两信通一定要用同一个公共参考点，故将电阻 R 上的电压视为电流，且 R 上的电压是规定正方向电压的反方向.

4. 观察 u_C 和 u_R 的波形，读出两个波形的峰峰值、最大值、有效值、周期以及相位差关系，对应填入表 20-1 中，并画出其波形图.

表 20-1

测量值 / 信通	$U_{p\text{-}p}$(V)	U_m(V)	U(V)	T(s)	f(Hz)	$\Delta\varphi$
u_C						
u_R						

5. 改变单相交流电的频率分别为 500 Hz，1 000 Hz，2 000 Hz，依次通过 XJ4328 双踪示波器观察电容 C 和 R 两端的电压波形，读出两个波形的峰峰值、最大值、有效值、周期以及相位关系，对应填入表 20-2 中.

表 20-2

频率(Hz) / 测量计算值	$f=100$	$f=500$	$f=1\,000$	$f=2\,000$
$U_{Cp\text{-}p}$(V)				
$U_C=\dfrac{U_{Cp\text{-}p}}{2\sqrt{2}}$(V)				
$U_{Rp\text{-}p}$(V)				
$U_R=\dfrac{U_{Rp\text{-}p}}{2\sqrt{2}}$(V)				

续 表

测量计算值 \ 频率(Hz)	$f=100$	$f=500$	$f=1\,000$	$f=2\,000$
$I=\frac{U_R}{R}$(A)				
$X_C=\frac{U_C}{I}$(Ω)				
$\Delta\varphi$				

五、实验小结

1. 根据表 20 - 1 中所读的数据,可以得出什么结论?

2. 根据表 20 - 2 中所读的数据,可以得出什么结论?

3. 用毫伏表测量函数信号发生器,使其 A 口输出电压 $U=5$ V,毫伏表的量程应该选择多少?测出量是什么值?

4. 若示波器的"t/div"旋钮置于"5 ms",要在示波器上能显示 10 个波形,则该波形的周期为多少?

单相交流 RL 串联电路的测试

一、实验目标

1. 掌握单相交流电 RL 串联电路中电压、电流的关系以及其相量表示；
2. 理解单相交流电 RL 串联电路中电压、电流相位超前和滞后的概念；
3. 能根据电路图连接线路；
4. 能根据波形读出电压和电流的峰峰值、最大值、有效值、周期、频率以及相位关系.

二、实验准备

1. 函数信号发生器 1 台(信号频率范围为 1～159 000 Hz,振幅≥5 V)；
2. 双踪示波器 1 台(如 XJ4328 型示波器)；
(1) 打开双踪示波器电源开关,预热 3 min；
(2) 将"t/div"旋钮置于"0. 5 ms"处,"v_1/div"和"v_2/div"旋钮置于合适位置；
(3) 调节各旋钮,使屏幕上显示两条光迹,不断电待用.
3. 交流毫伏表 1 只(如 WY2174 型毫伏表)；
4. 电阻(51 Ω)1 个,电感(30 mH)1 个；
5. 信号通道线 2 路,导线若干.

三、实验电路

单相交流 RL 串联实验电路如图 21－1 所示.

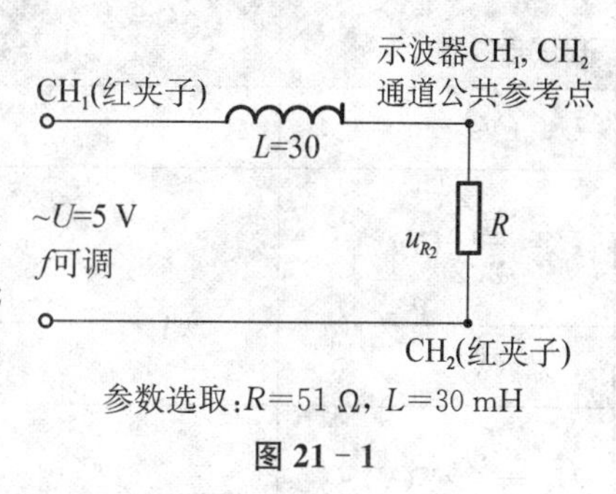

参数选取:R=51 Ω, L=30 mH

图 21－1

四、实验任务及步骤

1. 开启电源,调节函数信号发生器主调和辅调旋钮,用毫伏表测量,使其输出电压 $U=5$ V, $f=100$ Hz 的正弦交流电(如采用设备 A 口输出). 测量结束后,断电待用.

2. 根据电路图 21－1 接线.

3. 通电测试电压与电流波形并记录相关参数.

用双踪示波器显示电源在 100 Hz 下的电压与电流波形:

(1) 用 CH_1 通道测试该电路电源电压 U 的波形；

(2) 用 CH_2 通道测试该电路中的电流波形，因为交流电电路中电阻两端的电压与电流同相位，所以 U_R 的波形可近似看成该电路的电流.

注意：使用双踪示波器测电路中的电压与电流时，示波器只能测电压波形，并且双踪示波器在使用时两信通一定要用同一个公共参考点，故将电阻 R 上的电压视为电流，且 R 上的电压是规定正方向电压的反方向.

4. 观察 u 和 u_R 的波形，读出两个波形的峰峰值、最大值、有效值、周期以及相位差关系，对应填入表 21－1 中，并画出其波形图.

表 21－1

测量值 / 信通	U_{p-p}(V)	U_m(V)	U(V)	T(s)	f(Hz)	$\Delta\varphi$
u						
u_R						

5. 改变单相交流电的频率分别为 500 Hz，1 000 Hz，2 000 Hz，依次通过 XJ4328 双踪示波器观察电源和 R 两端的电压波形，读出两个波形的峰峰值、最大值、有效值、周期以及相位关系，对应填入表 21－2 中.

表 21－2

频率(Hz) / 测量计算值	$f=100$	$f=500$	$f=1\,000$	$f=2\,000$
U_{p-p}(V)				
$U=\dfrac{U_{p-p}}{2\sqrt{2}}$(V)				
U_{Rp-p}(V)				
$U_R=\dfrac{U_{Rp-p}}{2\sqrt{2}}$(V)				

续 表

测量计算值 \ 频率(Hz)	$f=100$	$f=500$	$f=1\,000$	$f=2\,000$
$I=\frac{U_R}{R}$(A)				
$Z=\frac{U}{I}$(Ω)				
$\Delta\varphi$				

五、实验小结

1. 根据表 21-1 中所读的数据,可以得出什么结论?

2. 根据表 21-2 中所读的数据,可以得出什么结论?

3. 用毫伏表测量函数信号发生器,若使其 A 口输出电压 $U=3$ V,毫伏表的量程应该选择多少?测出量是什么值?

4. 根据测量结果,可得 RL 串联电路中电压与电流的关系如何?请用向量图表示.

单相交流 RC 串联电路的测试

一、实验目标

1. 掌握交流电 RC 串联电路中电压、电流的关系以及其相量表示；
2. 理解交流电 RC 串联电路中电压、电流相位超前和滞后的概念；
3. 能根据电路图连接线路；
4. 能根据波形读出电压和电流的峰峰值、最大值、有效值、周期、频率以及相位关系.

二、实验准备

1. 函数信号发生器 1 台(信号频率范围为 1～159 000 Hz,振幅≥5 V)；
2. 双踪示波器 1 台(如 XJ4328 型示波器)；
(1) 打开双踪示波器电源开关,预热 3 min；
(2) 将“t/div”旋钮置于“0.5 ms”处,“v_1/div”和“v_2/div”旋钮置于合适位置；
(3) 调节各旋钮,使屏幕上显示两条光迹,不断电待用.
3. 交流毫伏表 1 只(如 WY2174 型毫伏表)；
4. 电阻 30 Ω 1 个,电容 4.7 μF 1 个；
5. 信号通道线 2 路,导线若干.

三、实验电路

单相交流 RC 串联实验电路如图 22－1 所示.

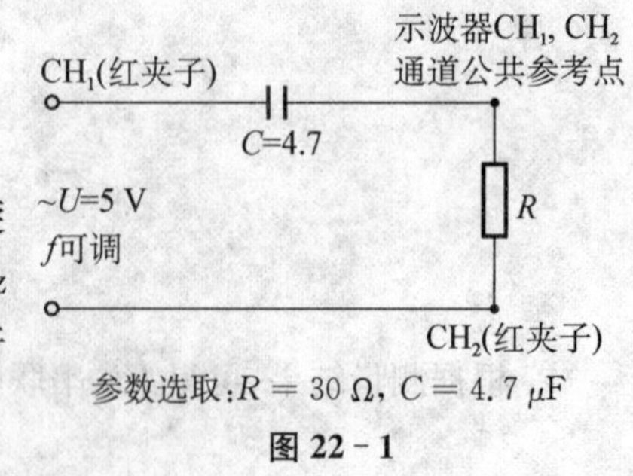

图 22－1

四、实验任务及步骤

1. 开启电源,调节函数信号发生器主调和辅调旋钮,用毫伏表测量,使其输出电压 $U=5$ V, $f=100$ Hz 的正弦交流电(如采用设备 A 口输出). 测量结束后,断电待用.

2. 根据电路图 22－1 接线.

3. 通电测试电压与电流波形并记录相关参数.

用双踪示波器显示电源在 100 Hz 下的电压与电流波形：

(1) 用 CH_1 通道测试该电路电源电压 U 的波形；

(2) 用 CH_2 通道测试该电路中的电流波形，因为交流电电路中电阻两端的电压与电流同相位，所以 U_R 的波形可近似看成该电路的电流.

注意：使用双踪示波器测电路中的电压与电流时，示波器只能测电压波形，并且双踪示波器在使用时两信通一定要用同一个公共参考点，故将电阻 R 上的电压视为电流，且 R 上的电压是规定正方向电压的反方向.

4. 观察 u 和 u_R 的波形，读出两个波形的峰峰值、最大值、有效值、周期以及相位差关系，对应填入表 22-1 中，并画出其波形图.

表 22-1

信通 \ 测量值	U_{p-p}(V)	U_m(V)	U(V)	T(s)	f(Hz)	$\Delta\varphi$
u						
u_R						

5. 改变单相交流电的频率分别为 500 Hz，1 000 Hz，2 000 Hz，依次通过 XJ4328 双踪示波器观察电容 C 和 R 两端的电压波形，读出两个波形的峰峰值、最大值、有效值、周期以及相位关系，对应填入表 22-2 中.

表 22-2

测量计算值 \ 频率(Hz)	$f=100$	$f=500$	$f=1\,000$	$f=2\,000$
U_{p-p}(V)				
$U=\frac{U_{p-p}}{2\sqrt{2}}$(V)				
U_{Rp-p}(V)				
$U_R=\frac{U_{Rp-p}}{2\sqrt{2}}$(V)				
$I=\frac{U_R}{R}$(A)				

续表

频率(Hz) 测量计算值	$f=100$	$f=500$	$f=1\,000$	$f=2\,000$
$Z=\frac{U}{I}(\Omega)$				
$\Delta\varphi$				

五、实验小结

1. 根据表 22－1 中所读的数据，可以得出什么结论？

2. 根据表 22－2 中所读的数据，可以得出什么结论？

3. 用毫伏表测量函数信号发生器，若使其 A 口输出电压 $U=3\text{ V}$，毫伏表的量程应该选择多少？测出量是什么值？

4. 根据测量结果，可得 RC 串联电路中电压与电流的关系如何？请用向量图表示.

日光灯电路的连接与测量

一、实验目标

1. 了解日光灯电路的组成及各部分的作用；
2. 理解日光灯电路的工作原理；
3. 能连接日光灯电路；
4. 会正确使用功率表，并正确读数.

二、实验准备

1. 自耦变压器1台(电压可调范围为0～400 V)；
2. 交流电压表1只(0～300 V)，交流电流表1只(0～1 A)；
3. 功率表1只(如D26－W型功率表)；
4. 日光灯管(30 W，其他功率也可)1个，镇流器(与30 W灯管配用)1个，启辉器(与30 W灯管配用)1个；
5. 导线若干.

三、实验电路图

日光灯实验电路如图23－1所示.

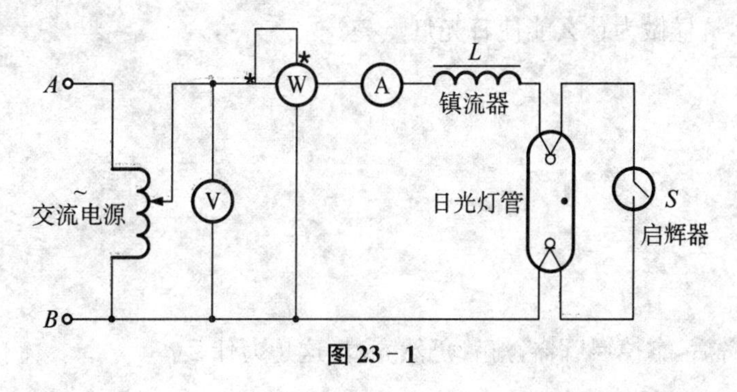

图23－1

四、实验任务及步骤

1. 在接通电源前，先将自耦调压器手柄置于零位.

2. 按照电路图 23－1 正确接线并检查.

3. 通电初试,观察现场有无异常情况(如冒烟等);若有异常,应立即切断电源.

4. 通电后情况正常,调节自耦调压器,使其输出电压缓慢增大,直到日光灯刚启辉点亮为止.

5. 将自耦变压器电压调至 220 V(即电压表读数为 220 V),观察日光灯点亮情况,测试参数并将数据记录在表 23－1 中;若日光灯不亮,调转启辉器即可. 如线路接线正确,而日光灯不能启辉时,应检查启辉器及其接触是否良好.

6. 若遇故障,请在教师指导下排除故障.

表 23－1

测量值			计算值	
P(W)	I(A)	U(V)	$S=U\cdot I$(V·A)	$\cos\varphi=\frac{P}{S}$

五、实验小结

1. 试说明日光灯的启辉原理.

2. 在日常生活中当日光灯缺少启辉器时,人们通常用一根导线将启辉器的两端短接一下,然后迅速断开,这样做为什么能使日光灯点亮?

3. 日光灯启辉后,拿掉启辉器,灯管仍然亮着,这是为什么?

4. 由表 23 - 1 中记录的数据,可否得出该电路 $\cos\varphi$ 合理的结论? 讨论改善功率因数的意义和方法.

5. 功率表在使用过程中会遇到哪些问题? 如何进行解决?

日光灯电路功率因数的提高

一、实验目标

1. 理解日光灯电路提高功率因数的工作原理；
2. 熟悉功率因数提高的方法和意义；
3. 能根据电路图接线；
4. 进一步熟悉功率表的使用和读数.

二、实验准备

1. 自耦变压器1台(电压可调范围0～400 V)；
2. 交流电压表1只(0～300 V),交流电流表1只(0～1 A)；
3. 功率表1只(如D26－W型功率表)；
4. 日光灯管(30 W,其他功率也可以)1个,镇流器(与30 W灯管配用)1个,启辉器(与30 W灯管配用)1个；
5. 电容器3个(电容大小分别为1 μF, 2.2 μF, 4.7 μF)；
6. 测电流专用线1根、导线若干.

三、实验电路

日光灯实验电路如图24－1所示.

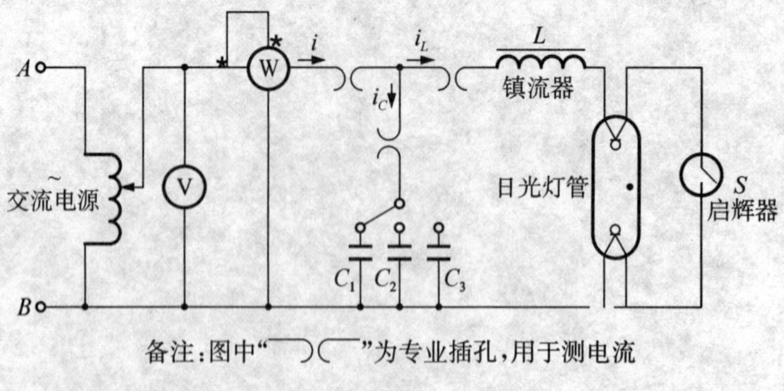

图24－1

四、实验任务及步骤

1. 在接通电源前，先将自耦调压器手柄置于零位上.

2. 按照电路图 24-1 正确接线并检查.

3. 通电初试，观察现场有无异常情况(如冒烟等)；若有异常，应立即切断电源.

4. 通电后情况正常，调节自耦调压器，使其输出电压缓慢增大，直到日光灯刚启辉点亮为止.

5. 将自耦变压器电压调至 220 V(即电压表读数为 220 V)，观察日光灯点亮情况，测试参数并将数据记录于表 24-1 中($C=0$ 时的各电参量)；若日光灯不亮，调节启辉器即可. 如线路接线正确，而日光灯不能启辉时，应检查启辉器及其接触是否良好.

6. 若遇故障，请在教师指导下排除故障.

7. 改变电容值，进行重复测量并将数据记录于表 24-1 中($C\neq 0$ 时的各电参量).

表 24-1

电容值	测量值					计算值	
$C(\mu F)$	$P(W)$	$U(V)$	$I_L(A)$	$I_C(A)$	$I(A)$	$S=UI$	$\cos\varphi=\frac{P}{S}$
0							
1							
2.2							
4.7							

五、实验小结

1. 由表 24-1 中记录的数据，可以得出什么结论？

2. 为了提高功率因数,常在感性负载上并联电容,此时增加了一条电流支路,试问电路的总电流 I、电容电流 I_C 以及流过镇流器 I_L 的变化? 此时感性元件上的电流和功率是否发生改变?

3. 提高功率因数通常采用并联电容的方法,试问还可以采用别的方法吗? 请作简单说明.

三相交流电路星形负载的连接与测量

一、实验目标

1. 掌握三相交流电的基本物理量；
2. 掌握三相交流电星形负载的连接方式；
3. 理解三相交流电路星形负载连接方式，线电压与相电压、线电流与相电流的关系；
4. 根据电路图连接线路；
5. 会测星形负载连接的电参量.

二、实验准备

1. 自耦变压器1台(电压可调范围为0～400 V)；
2. 交流电压表1只(0～300 V)，交流电流表1只(0～1 A)；
3. 9个灯泡(型号为220 V/15 W，或其他小功率灯泡)；
4. 电流专用线、导线若干.

三、实验电路

三相交流电路星形负载实验电路如图25－1所示.

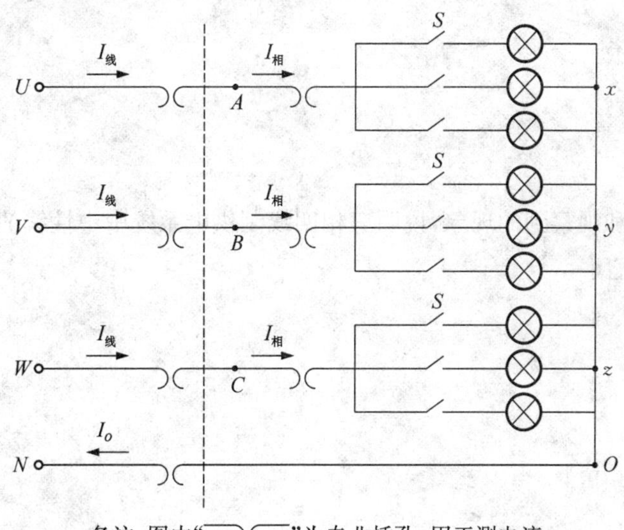

备注：图中“⌒⌒”为专业插孔，用于测电流

图25－1

四、实验任务及步骤

1. 在接通电源前，先将自耦调压器手柄置于零位.

2. 按照电路图 25 - 1 正确接线并检查.

3. 通电初试，观察现场有无异常情况(如冒烟等)；若有异常，应立即切断电源.

4. 通电后情况正常，调节自耦调压器，使三相交流电源相电压调为 150 V，观察各表数据变化情况，并将数据记录于表 25 - 1 中.

5. 若遇故障，请在教师指导下排除故障.

表 25 - 1

测量数据 / 负载情况	开灯盏数			线电流(A)			线电压(V)			相电压(V)			中线电流 I_0(A)
	A 相	*B* 相	*C* 相	I_U	I_V	I_W	U_{UV}	U_{VW}	U_{WU}	U_U	U_V	U_W	
Y_0 接平衡负载	3	3	3										
Y_0 接不平衡负载	1	2	3										

五、实验小结

1. 由表 25 - 1 中记录的数据，得出的星形负载连接时线电压与相电压的关系如何？

2. 由表 25 - 1 中记录的数据，得出的星形负载连接时线电流与相电流的关系如何？

3. 用实验数据和观察到的现象，说明三相四线制供电系统中中性线的作用.

三相交流电路三角形负载的连接与测量

一、实验目标

1. 掌握三相交流电的基本物理量；
2. 掌握三相交流电三角形负载的连接方式；
3. 理解三相交流电路三角形负载连接方式时，线电压与相电压、线电流与相电流的关系；
4. 根据电路图连接线路；
5. 会测三角形负载连接的电参量.

二、实验准备

1. 自耦变压器 1 台(电压可调范围为 0～400 V)；
2. 交流电压表 1 只(0～300 V)，交流电流表 1 只(0～1 A)；
3. 9 个灯泡(220 V/15 W，或其他小功率灯泡)；
4. 电流专用线、导线若干.

三、实验电路

三相交流电路三角形负载的实验电路如图 26－1 所示.

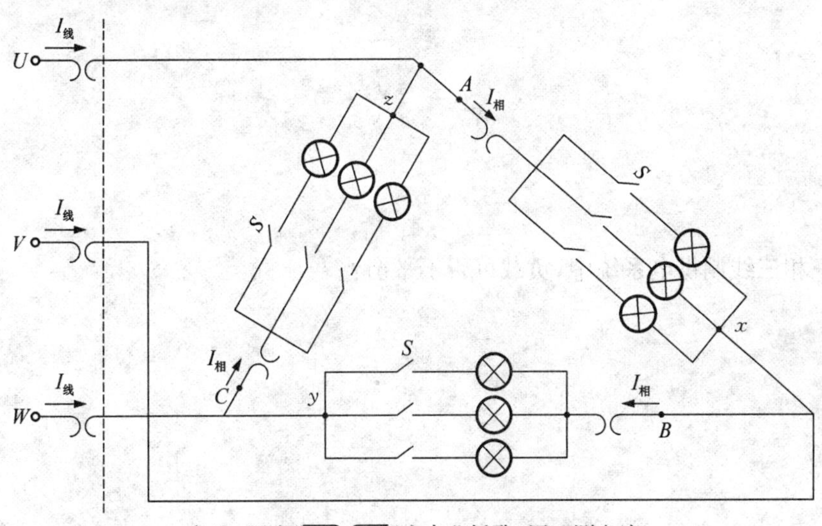

备注：图中")("为专业插孔，用于测电流

图 26－1

四、实验任务及步骤

1. 在接通电源前，先将自耦调压器手柄置于零位.

2. 按照电路图 26－1 正确接线并检查.

3. 通电初试，观察现场有无异常情况（如冒烟等）；若有异常，应立即切断电源.

4. 通电后情况正常，调节自耦调压器，使三相交流电源线电压调为 150 V，观察各表数据变化情况，并将数据记录于表 26－1 中.

表 26－1

测量数据 / 负载情况	开灯盏数			线电流(A)			相电流(A)			相电压(V)		
	A 相	B 相	C 相	I_{UV}	I_{VW}	I_{WU}	I_U	I_V	I_W	U_U	U_V	U_W
△平衡负载	3	3	3									

5. 若遇故障，请在教师指导下排除故障.

五、实验小结

1. 由表 26－1 中记录的数据，得出的负载三角形连接时线电压与相电压是否相等？

2. 由表 26－1 中记录的数据，得出的负载三角形连接时线电流与相电流的关系如何？

3. 在三相三线制供电系统中，负载可否不平衡？

三相对称星形负载无功功率的测试

一、实验目标

1. 理解三相对称负载和无功功率的概念；
2. 会正确进行功率的测量及读数；
3. 会正确使用功率表；
4. 会看图接线.

二、实验准备

1. 自耦变压器 1 台(电压可调范围 0～400 V)；
2. 交流电压表 1 只(0～300 V),功率表 1 只(如 D26 - W 型功率表)；
3. 9 个灯泡(220 V/15 W,或其他功率的灯泡)；
4. 功率表 1 只；
5. 导线若干.

三、实验电路

三相对称星形负载无功功率测试电路如图 27 - 1 所示.

四、实验任务及步骤

1. 在接通电源前,先将自耦调压器手柄置于零位.

2. 按照电路图 27 - 1 正确接线并检查.

3. 通电初试,观察现场有无异常情况(如冒烟等)；若有异常,应立即切断电源.

4. 通电后情况正常,调节自耦调压器,使三相交流电源线电压调为 220 V 并维持不变. 观察各灯及各表数据的变化情况,并将数据记录于表 27 - 1 中. 每次实验完毕,均需将三相调压器调回零位. 每次改变线路时,均需断开三相电源,以确保人身安全.

5. 若遇故障,请在教师指导下排除故障.

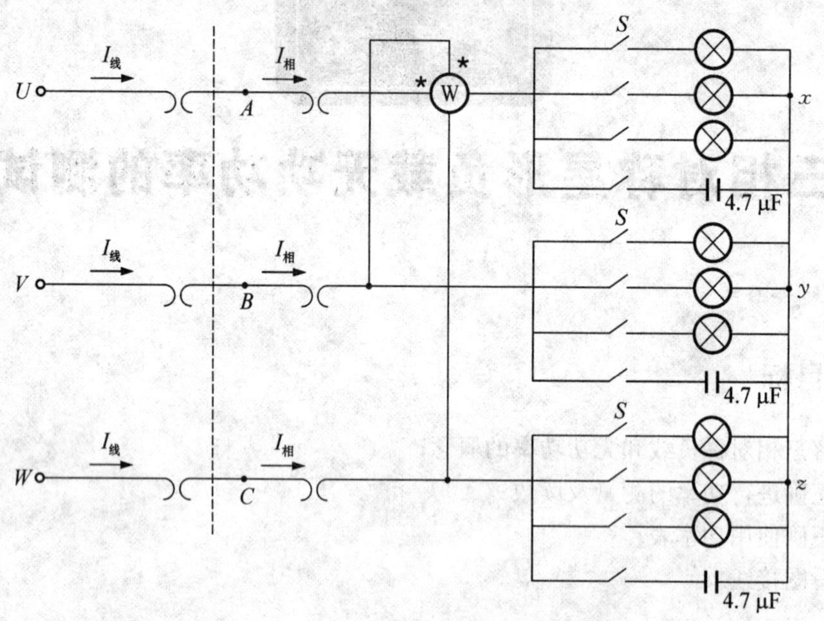

备注：图中"⌒⌒"为专业插孔，用于测电流

图 27－1

表 27－1

负载情况 \ 测量数据	测量值			计算值
	U(V)	I(A)	Q(var)	$\sum Q=\sqrt{3}Q$
每相只开 3 盏灯				
每相只接 4.7 μF 电容				
每相接 3 盏灯和 4.7 μF 电容并联				

五、实验小结

1. 三相对称负载无功功率测试电路中，功率表怎么接入电路？

2. 由表 27－1 中记录的数据，得出的无功功率与电压、电流之间的关系如何？

单相交流电能的测量

一、实验目标

1. 理解功率和电能的概念；
2. 会正确进行功率和电能的测量及读数；
3. 会正确使用功率表和单相电度表；
4. 会看图接线.

二、实验准备

1. 自耦变压器 1 台(电压可调范围 0～400 V)；

2. 交流电压表 1 只(0～300 V),交流电流表 1 只(0～1 A),单相电度表 1 只(如 DD862a 型电度表,其他型号也可以).

3. 9 个灯泡(220 V/15 W,或其他功率的灯泡)；

4. 导线若干.

三、实验电路

单相交流电能测量电路如图 28-1 所示.

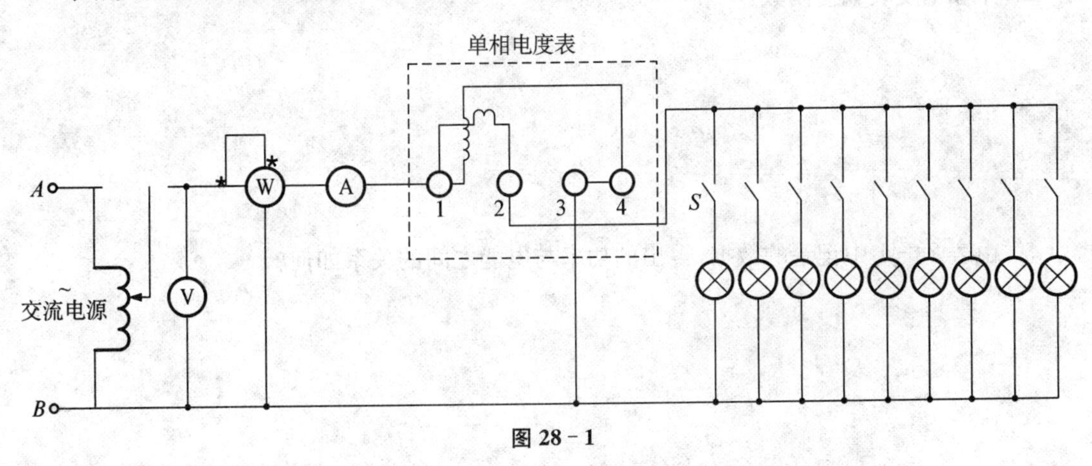

图 28-1

四、实验任务及步骤

1. 在接通电源前,先将自耦调压器手柄置于零位.

2. 按照电路图 28-1 正确接线并检查.

3. 通电初试,观察现场有无异常情况(如冒烟等);若有异常,应立即切断电源.

4. 通电后情况正常,调节自耦调压器,使三相交流电源相电压调为 220 V,观察各灯及各表的数据变化情况,并将数据记录于表 28-1 中.

5. 若遇故障,请在教师指导下排除故障.

表 28-1

测量数据 / 负载情况	测量值					计算值		
	U(V)	I(A)	P(W)	测定时间	转数	测量电能 W_X(kWh)	实际电能 W_A(kWh)	相对误差
9×15 W								

五、实验小结

1. 电度表接线可能会出现哪些错误?它们分别会造成什么样的后果?

2. 单相电度表如何读数?

3. 由表 28-1 中记录的数据,得出的功率与电能之间的关系如何?

实验小结答案

实验一　实验小结

1. 电路由电源、开关、负载、导线组成. 电源，提高电能；负载，将电能转换成其他能(如光能、热能、动能等)；导线，连接各个电气器件；开关，用于控制电路的通断.

2. 电动势存在于电源内部，方向是由负极指向正极，用 E 表示；端电压指电源外部，用 U 表示. 它们的大小关系表示为 $E=U+Ir$，即电源的电动势等于内、外电路的电压降之和. 在本次实验中，电源内阻很小，内电压忽略，所以可认为电路端电压(U外端)的数值等于电动势，都为 8 V.

3. 闭合回路中，电源两端电压与负载两端电压相等.

4. 电源两端的电压不会变化；负载两端的电压会变化：电路通路时，负载上有电压；电路断路时，负载上没有电压.

5. 电路的工作状态有短路、断路、通路，在本次实验中有通路、断路两种.

实验二　实验小结

1. 电位是指该点与指定的零电位间的差，A 点电位用 V_A 表示. 电压是指电路中的两点的电位差，A，B 两点间的电压用 U_{AB} 表示，$U_{AB}=V_A-V_B$.

2. 电位随参考点的变化而改变；两点间电位差不改变.

3. $U_{AC}=U_{AB}+U_{BC}$.

4. 在测量电压和电位时，电压表并联接入电路. ①测电位时，黑表笔接在参考点上，红表笔接在被测点上. 如测 A 点电位，黑表笔接在参考点上，红表笔接 A 点. ②测电压时，黑表笔接在负极，红表笔接在正极. 如测 AB 间电压 U_{AB}，黑表笔接 B，红表笔接 A.

实验三　实验小结

1. 略.

2. 在相同的电阻条件下，当电压值逐步增大时，电流表的指示值逐步增加，由欧姆定律 $I=\dfrac{U}{R}$ 可得.

3. 在相同的电压条件下，R 减少时，电流值增加，由欧姆定律 $I=\dfrac{U}{R}$ 可得.

4. 直流电流表在接入电路时，应注意：①先粗步估算被测电流的大小，以选择合适量程；②电流表串联接入电路；③接入时，使电流从电流表的“+”端流入，“−”端流出.

实验四　实验小结

1. 略.

2. 电阻两端的电压与通过它的电流成正比，区别是线性电阻其伏安特性曲线为直线，其电阻值为常数；非线性电阻两端的电压与通过它的电流不是线性关系，其电阻值不是常数.

实验五　实验小结

1. 流过电阻 R_1 和 R_2 的电流一样.

2. U_S 和 R_1 相同的条件下，R_2 越大，分压所得电压 U_{R2} 越大，U_{R2} 随 R_2 变化的具体关系是

$$U_{R2} = \frac{R_2}{R_1 + R_2} \cdot U_S .$$

R_1 和 R_2 相同的条件下，分压比一定，U_{R2} 随 U_S 的变化而变化，具体关系是

$$U_{R2} = \frac{R_2}{R_1 + R_2} \cdot U_S .$$

3. 串联电路的特点：①在串联电路中，流过各负载的电流相等；②各串联电阻上的电压之和等于电源电压.

实验六　实验小结

1. 电阻 R_1 和 R_2 两端的电压 U_{R1} 和 U_{R2} 一样.

2. I_1 和 I_2 与 I 的关系是总电流 I 为并联支路之和，具体表示为 $I = I_1 + I_2$.

3. I_2 的大小与 U_S 和 R_2 相关，$I_2 = \frac{U_S}{R_2}$.

4. 并联电路的特点：①并联电路中，各负载两端的电压相等；②流过各并联电阻的电流之和等于总电流，即 $I_1 + I_2 = I = U_S/R_{AB}$；③$R_{AB} = \frac{R_1 \times R_2}{R_1 + R_2}$.

实验七　实验小结

1. $U_S = U_{R1} + U_{R2} = U_{R1} + U_{R3}$.

2. $I_1 = I_2 + I_3$.

3. $R'_{AC} = R_1 + (R_2 // R_3) = R_1 + \frac{R_2 \cdot R_3}{R_2 + R_3} = 200(\Omega) + \frac{2(\text{k}\Omega) \times 1(\text{k}\Omega)}{2(\text{k}\Omega) + 1(\text{k}\Omega)} \approx 867(\Omega)$.

4. 近似相等；有误差；误差来源于测量仪器的精度、元件本身的误差等.

实验八　实验小结

1. ①万用表选择直流电压档，50 V 量程；②将电压表并联接入电路，黑表笔接 B 点、红表笔接 A 点；③观察万用表指针，正确读数；④将万用表旋到交流电压最大档备用.

2. ①万用表选择直流电流档，25 mA 量程；②将电流表串联接入电路（即用电流表代替导线），电流从 A 点流入电流表"＋"端、从电流表"－"端流出到 B 点；③观察万用表指针，正确读数；④将万用表旋到交流电压最大档备用.

3. ①万用表选择电阻档，"R×1 K"倍乘档；②调零，将两表笔短接，微调"调 0"旋钮，至指针指到 0 为止；③将两表笔分别接电阻 R 的两端；④观察万用表指针，正确读数；⑤将万用表旋到交流电压最大档备用.

实验九　实验小结

1. 比例臂的选择原则：对 4 个比较臂都应使用，有效数字为 4 位；测量值＝比例倍率×比较臂读数的 4 位有效数字；若比例臂的选择不合适，则容易增加误差.

2. ①将接触片选择"内接电源和内接检流计"；②打开检流计锁扣，调节机械调零旋钮，使指针指零；③将被测电阻接入到 R_X 两端（图 9－1 中④），比例臂倍率（图 9－1 中①）选择"×0.01"，4 组比较臂（图 9－1 中②）都用上；④快速准确地顺序按下 B 和 G，弹起 G 和 B，同时观察检流计指针的偏转方向：若指针向右（正向），则 R_b 值太小，需调节比较臂使之增加；若指针向左（负向），则 R_b 值太大，需调节比较臂使之减小；⑤重复第④步，直到检流计无偏转为止；⑥读数，测量值＝比例倍率×比较臂读数的 4 位有效数字 $= 0.01 \times 3\,000\ (\Omega) = 30\ (\Omega)$；⑦切断电桥电源，检流计锁零，拆连线，收起电桥.

实验十　实验小结

1. 绝缘电阻能够反映电气设备构件之间或电气设备与地之间的绝缘性能，其作用是阻止彼此之间电荷移动. 由欧姆定律可知，若物体间外加电压后产生的电流非常小，近似于开路，绝缘电阻的阻值要大，绝缘性能就好.

2. 兆欧表铭牌的含义：输出测试绝缘时的电压值和测量最大的绝缘电阻值（量程）.

3. ①使用前的准备：注意兆欧表的型号、额定电压和测量范围，对兆欧表进行自检，对被测设备进行检查以确保其"不带电"；②兆欧表测量中，L，E，G 这 3 个接线端正确连接，均匀地摇动手柄保持转速，读数；③测量后对设备充分放电，定期校验兆欧表.

4. 由于绝缘电阻的阻值非常大，所以兆欧表的表头示数以"兆欧"为单位.

实验十一　实验小结

1. $\sum I = 0$.

2. 略.

3. D 点为节点.

4. ①万用表并联接入电路,红表笔接"+"端、黑表笔接"−"端;②选择合适的量程,由大到小,使指针落在$\frac{1}{3}\sim\frac{2}{3}$处;③观察万用表指针,正确读数;④将万用表旋到交流电压最大档备用.

5. ①万用表串联接入电路(万用表代替原导线),电流方向从电流表"+"端流入、从电流表"−"端流出;②选择合适的量程,由大到小使指针落在$\frac{1}{3}\sim\frac{2}{3}$处;③观察万用表指针,正确读数;④将万用表旋到交流电压最大档备用.

实验十二　实验小结

1. $\sum U = 0$.

2. 略.

3. ①万用表选择直流电压档,10 V 量程;②将电压表并联接入电路,黑表笔接 B 点、红表笔接 A 点;③观察万用表指针,正确读数;④将万用表旋到交流电压最大档备用.

实验十三　实验小结

1. 叠加定理:当某线性网络中有几个电源共同作用时,它们在电路中任何一条支路上产生的响应(电流和电压),等于这些电源分别单独作用时,在该支路上产生的响应(电流和电压)的代数和.

2. (1) $I_1 = I_{11} - I_{12}$, $U_1 = U_{11} - U_{12}$;

(2) $I_2 = I_{21} + I_{22}$, $U_2 = U_{21} + U_{22}$;

(3) $I_3 = -I_{31} + I_{32}$, $U_3 = -U_{21} + U_{32}$;

3. 本次实验电路中含两个电压源,电压源内阻很小. 当一个电源单独作用时,实际操作中电压源按照"短路"处理.

实验十四　实验小结

1. 戴维南定理:任何一个有源二端口网络,都可以等效成一个电压源和一个电阻(称为戴维南等效电阻 R_0)的串联形式. 电压源的电压就是有源二端口网络的开路电压 U_{OC},戴维南等效电阻就是有源二端口网络间的等效电阻.

2. $U = U'$, $I = I'$.

3. 由于电压源内阻很小,在实际测量 ab 间等效电阻时,电压源按照"短路"处理;ab 间等效电阻 $R_0 = R_1 \mathbin{/\mkern-6mu/} R_2$.

实验十五　实验小结

1. 电容具有充放电特性,其充放电时间与电容量有关;电容两端电压不会突变,充电开始瞬间充电电流最大.

2. 步骤：①开启函数信号发生器的电源开关；②选择输出信号的波形(如正弦波)；③调节输出波形的频率(如 100 Hz)；④调节函数信号发生器的幅值旋钮(如 $u_{p\text{-}p}=2\,\text{mV}$).

实验十六　实验小结

1. A 口的输出信号有 3 种波形,分别为正弦波、三角波、锯齿波.

若需要输出信号为矩形波形,则信号输出选择 B 口.

2. 若需要输出信号为交流正弦波,则信号输出选择 A 口.

若需要输出频率为 1 000 Hz,则调整"粗"、"中"、"细"3 组调整按钮,改变输出的频率,其大小显示在左上方的"频率显示"上.

若需要输出幅值大小为 3 V,则调节"主调"和"辅调"旋钮,改变信号输出的大小.

实验十七　实验小结

1. 正弦波交流电的周期是指正弦交流电完整变化一周所需的时间.

正弦波交流电的频率是是指单位时间(1 s)内,正弦交流电重复变化的次数.

$$f=\frac{1}{T}=\frac{1}{1\times10^{-3}}=1\,000(\text{Hz}).$$

2. 正弦波交流电的峰峰值是指正弦波交流电瞬时值中正的最大值到负的最大值,用 $U_{p\text{-}p}$ 表示.

正弦波交流电的峰值是指正弦波交流电瞬时值中的最大值,用 U_m 表示.

$$U_{p\text{-}p}=2U_m\ \text{或}\ U_m=\frac{1}{2}U_{p\text{-}p}.$$

3. (1) 开启示波器电源开关预热；

(2) 按下垂直方式选择开关 CH1,触发扫描方式为"AUTO"；

(3) 将"电压/度"旋钮和"时间/度"旋钮置于适当位置(同时应将"电压/度"和"时间/度"校准旋钮按顺时针方向旋转到底)；

(4) 耦合方式选择"交流耦合方式"(即"AC")；

(5) 信通 CH1 接到信号函数发生器的两端；

(6) 光屏上显示出正弦波,若波形不稳定,调节触发电平控制旋钮(即"LEVEL"旋钮)；

(7) 读出垂直方向正弦信号格数,则

峰峰值 $U_{p\text{-}p}=$ ____/div× ____ 格 $=$ ____V,最大值 $U_m=U_{p\text{-}p}/2=$ ________.

例如:格数为 2.5 格,"v/div"旋钮置于"2 mV",则

$$U_{p\text{-}p}=2\,\text{mV/div}\times2.5\,\text{格}=5\,\text{mV},\ U_m=2.5\,\text{mV}.$$

4. 重复了题前 6 步,(7)步读出水平方向一个周期正弦信号的格数,则

周期 $T=$ ____/div× ____ 格 = ____ s.

例如：$f=1\,000$ Hz，则 $T=0.5$ ms/div×2 格 = 1 ms.

5. 有.如三角波形、锯齿波形、矩形波、方波等.

实验十八　实验小结

1. 结论：单相交流纯电阻电路中，电阻两端电压与电流同相位.

2. 结论：①电阻 R 与电源正弦交流电频率 f 的变化无关；②单相交流纯电阻电路中，电流和电压同相位.

3. 量程应选 10 V，其测量值为有效值.

4. 能显示 5 个波形.

实验十九　实验小结

1. 结论：单相交流纯电感电路中，电感两端电压与电流的相位差为 90°，电压超前电流 90°.

2. 结论：①电感感抗 X_L 与电源正弦交流电频率 f 的变化有关，成正比；②单相交流纯电感电路中，电感两端电压超前电流 90°.

3. 量程应选 10 V，其测量值为有效值.

4. 示波器的"t/div"旋钮选择"10 ms".

实验二十　实验小结

1. 结论：单相交流纯电容电路中，电容两端电压滞后电流 90°.

2. 结论：①电容容抗 X_c 与电源正弦交流电频率 f 的变化有关，成反比；②单相交流纯电容电路中，电容两端电压滞后电流 90°.

3. 量程应选 10 V，其测量值为有效值.

4. 周期为 5 ms.

实验二十一　实验小结

1. 结论：单相交流 RL 电路中，电源电压与电阻两端电压存在相位差，但频率、周期一致.

2. 结论：①单相交流 RL 电路中，电路的总阻抗与电源电压的频率有关；②单相交流 RL 电路中，电源电压相位超前电流.

3. 量程应选 10 V，其测量值为有效值.

4.

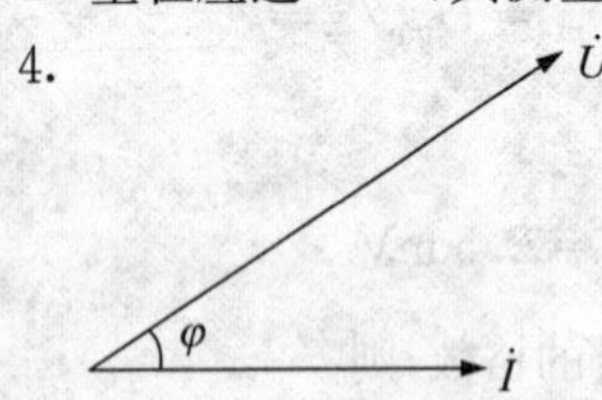

实验二十二　实验小结

1. 结论：单相交流 RC 电路中，电源电压与电阻两端电压存在相位差，但频率、周期一致.

2. 结论：①单相交流 RC 电路中，电路的总阻抗与电源电压的频率有关；②单相交流 RC 电路中，电源电压相位滞后电流.

3. 量程应选 10 V，其测量值为有效值.

4. 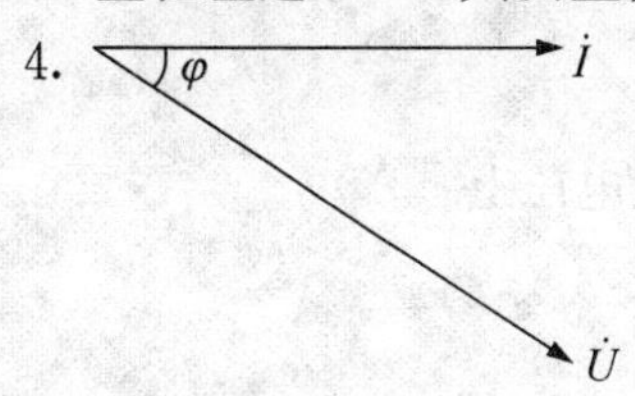

实验二十三　实验小结

1. 开关闭合瞬间，电源电压全部加在启辉器两个触片之间的狭窄间隙内，造成玻璃泡内的氖气辉光放电，使动触片受热膨胀伸展，与静触片接触，将整个电路接通. 于是电流流过灯丝加热，并使其发射电子. 动静触片接触后，辉光放电终止，动触片缩回，动静触屏分离，断开电路.

2. 用一导线将启辉器的两端短接，然后迅速断开就是模仿启动器的动作.

3. 日光灯启动后，镇流器马上产生自感电势，使灯丝发射电子不断撞击灯管壁荧光粉发出荧光，加在灯管上的电压低于电源电压，灯管在电源电压作用下正常导通.

4. 太低，不合理. 提高功率因数有利于发挥现有发电设备的潜力、节约能源，具有重要的经济意义. 方法：并联电容补偿.

5. 功率表在使用过程中经常将电压线圈和电流线圈接错. 注意电压线圈并联在电路中，电流线圈串联在电路中，并注意同名端.

实验二十四　实验小结

1. 结论：①并联电容可以提高功率因数；②并联电容 C 越大，功率因数越高.

2. 流过镇流器 I_L 不变，电容电流 I_C 增加，总电流 I 减小. 感性元件上的电流和功率不改变.

3. 人工补偿(增加电力电容器).

实验二十五　实验小结

1. $U_{线} = \sqrt{3}U_{相}$.

2. $I_{线} = I_{相}$.

3. 中线的作用在于保证负载上的各相电压接近对称，在负载不平衡时不致发生电压升高或降低，若一相断线，其他两相的电压不变.

实验二十六　实验小结

1. 线电压等于相电压.

2. $I_{线} = \sqrt{3} I_{相}$.

3. 三相三线制供电系统中,负载不可以不平衡.

实验二十七　实验小结

1. 电流线圈串在 A 相中,电压线圈并联在 B, C 两相的线电压上.

2. $Q = 3UI\sin\varphi = \sqrt{3}U_{BC}I_A\sin\varphi$.

实验二十八　实验小结

1. 电度表接线可能出现的接线错误:电压线圈和电流线圈的错接. 若将电流线圈不接或将电压线圈串联在电路中,会出现断路,电度表不转;若电流线圈并联在电路中,会将电度表烧毁.

2. 单相电度表读数:电度表表盘转数标示"3 000 R/kWh",表示电度表表盘转 3 000 转为 1 度电,所以电度表表盘转 36 转,表示设备耗电为 36/ 3 000 = 0.012(度),也就是说,电度表表盘在 10 min 内转 36 转,则 10 min 内电器消耗的电能是 0.012 度.

3. 略.